# La persuasión en la construcción de la ciencia contemporánea en México: Los casos de Martín de Sessé Lacasta e Isaac Ochoterena Mendieta

*José Francisco Bravo Moreno y
Emilio Cervantes Ruiz de la Torre*

# LA PERSUASIÓN EN LA CONSTRUCCIÓN DE LA CIENCIA CONTEMPORÁNEA EN MÉXICO: LOS CASOS DE MARTÍN DE SESSÉ LACASTA E ISAAC OCHOTERENA MENDIETA

Por José Francisco Bravo Moreno y
Emilio Cervantes Ruiz de la Torre.

Copyright (Derechos de Reproducción) © Diciembre 14, 2016
José Francisco Bravo Moreno y Emilio Cervantes Ruiz de la Torre

Todos los derechos reservados. Ninguna parte de este libro puede ser reproducida ni utilizada en manera alguna ni por ningún medio, sea electrónico o mecánico, de fotocopia o de grabación, ni mediante ningún sistema de almacenamiento y recuperación de información, sin permiso por escrito del editor/escritor.

EAN 13 - 978-1541161788
ISBN 10 - 1541161785

Fecha de publicación: Diciembre 14, 2016
Filosofía de la Ciencia

Diseño de portada e interior: Cristian Aguirre y Mario A. Lopez
Imagen: Mexican Eagle por riikardo/Deviant Art

*Impreso y encuadernado en Estados Unidos de América.*

OIACDI
Organización Internacional para el Avance Científico del Diseño Inteligente

*Los primeros capitales nacieron no de la producción...pero sobre todo, del saqueo de los pueblos coloniales de tres continentes.*

*Desde finales del siglo XVI se consolidó una red de conductos...estos servían para succionar el producto excedente de las poblaciones coloniales y para transformar a estas en mercado obligado de los productos de las manufacturas francesas, inglesas holandesas e incluso italianas.*

*Los financieros alemanes saqueaban el tesoro real español. Desde muy temprano, Inglaterra fue afirmando su dominio económico sobre los países ibéricos y a través de ellos sobre sus colonias. A cambio de protección naval, los mercaderes ingleses forzaron el reducto portugués en las colonias de África, Asia y América latina. A principios del siglo XVIII la mitad de las exportaciones textiles de Londres se dirigen a España.*

*España ante todo era un exportador de materias primas y un importador de productos manufacturados.*

Enrique Selmo, 1982. Historia del capitalismo en México.

*Que luego la ciencia se convierta, como de hecho se ha convertido hoy día, a vueltas de la Historia, en la Religión principal y dominadora de nuestro mundo, al abrigo de cuyo templo las reliquias de las otras religiones sin vergüenza alguna se cobijan, bien, no importa: la lucha contra la Religión sigue teniendo siempre su sentido; y también contra esa otra forma de Religión que es la fe en la Ciencia de la Realidad, aunque Lucrecio no esté ya aquí para decírnoslo, siguen valiendo lo más hondo de sus razones y el embate de sus versos.*

Agustín García Calvo, 1997. Prólogo a la traducción De Rerum Natura de Lucrecio

**Algunos protagonistas de la Historia de la Biología en México y otros autores citados:**

1) Gabino Barreda (1818-1881), 2) Alfredo Dugès (1826-1910), 3) Alfonso Luis Herrera (1868-1942) 4) José Vasconcelos (1882-1959) 5) Isaac Ochoterena (1885-1950) 6) Bernardo Houssay (1887-1971) 7) Vicente Lombardo Toledano (1894-1968) 8) Enrique Rioja lo Bianco (1895-1963) y 9) Enrique Beltrán (1903-1994)

# Contenido

| | | |
|---|---|---|
| 1. | Presentación | 1 |
| 1.1. | Generalidades sobre Historia de la Biología | 1 |
| 1.2. | Condicionantes históricos al proceso de instauración de la Biología en México | 4 |
| 1.3. | Martín de Sessé y Lacasta (1751-1808) Antecedentes preliminares | 8 |
| 1.4. | Isaac Ochoterena Mendieta (1885-1950) Antecedentes preliminares | 9 |
| 1.5. | Una disyuntiva histórica | 11 |
| 1.6. | Persuadir y Convencer | 13 |
| 1.7. | Persuasión y Poder: La Ciencia como Aparato de Persuasión | 14 |
| 1.8. | Carta de Humboldt a Bonpland | 17 |
| 1.9. | Carta de Martín de Sessé al Rey Carlos IV | 19 |
| 2. | Los introductores del darwinismo en México: el caso de Isaac Ochoterena | 23 |
| 2.1. | Etapa porfiriana y post-revolucionaria temprana: los primeros pasos, el debate en pos del darwinismo | 23 |
| 2.2. | Segunda etapa con Alfonso Herrera | 25 |
| 2.3. | Isaac Ochoterena entra en acción | 30 |
| 2.4. | Inicio de la Biología moderna en el México post-revolucionario en su segunda etapa narrado en pocas palabras | 41 |
| 2.5. | El fin de la primera etapa de la Biología en México, las nuevas escuelas, el recuento de los daños | 59 |
| 3. | Martín de Sessé en la Expedición Científica a Nueva España | 67 |

| | | |
|---|---|---|
| 3.1. | Las Reales Expediciones Botánicas del Siglo XVIII a Hispano-América. Un artículo del profesor Enrique Beltrán nos explica las peculiaridades de la Expedición Científica a Nueva España | 67 |
| 3.2. | La incorporación de Martín de Sessé a la Expedición | 69 |
| 3.3. | La actuación de Martín de Sessé en la Expedición. Primera parte: Tránsito de un idilio a cierta tensión latente | 74 |
| 3.4. | La actuación de Martín de Sessé en la Expedición. Segunda parte: El león saca su garra | 84 |
| 3.5. | La actuación de Martín de Sessé en la Expedición. Tercera parte: La confrontación abierta | 87 |
| 3.6. | La actuación de Martín de Sessé en la Expedición. Cuarta parte: Resolución del conflicto con José Longinos Martínez | 101 |
| 3.7. | Martín de Sessé y las Salas de Observaciones en los Hospitales de Naturales y de San Andrés: Propuesta | 111 |
| 3.8. | Martín de Sessé y las Salas de Observaciones en los Hospitales de Naturales y de San Andrés: Respuestas | 116 |
| 3.9. | Réplica de Sessé a todos estos oficios, dirigida al director y administrador del hospital el 4 de Agosto de 1800 | 119 |
| 4. | Documentos | 124 |
| 4.1. | Carta de Sessé a Gómez Ortega del 30 de Enero de 1785 | 124 |
| 4.2. | Real Cédula de 20 de Marzo, de 1787, por la que se establece en su forma definitiva la Expedición a Nueva España | 127 |

| | | |
|---|---|---|
| 4.3. | Carta de Longinos Martínez a Sessé escrita en México a 23 de julio de 1789 (fragmentos); (AGN 527) | 129 |
| 4.4. | Carta de Sessé a Longinos Martínez escrita en la Hacienda de Mazatlán el 23 de julio de 1789; (AGN 527) | 130 |
| 4.5. | Carta de Sessé a José Longinos Martínez escrita en Chilpancingo el 6 de Agosto de 1789; (AGN 527) | 132 |
| 4.6. | Carta de Sessé al virrey escrita en la ciudad de México el 23 de noviembre de 1789; (AGN 527) | 135 |
| 4.7. | Sessé al virrey. 8 de enero 1790; (AGN 527) | 138 |
| 4.8. | José Longinos Martínez a Sessé en México a 31 de marzo de 1790; (AGN 527) | 138 |
| 4.9. | Informe médico de Ablanedo. 24 de mayo de 1790; (AGN 527) | 139 |
| 4.10 | Carta de Sessé a José Longinos Martínez. México 1 de abril de 1790; (AGN 527) | 140 |
| 4.11 | Sessé al virrey 6 de abril de 1790; (AGN 527) | 141 |
| 4.12 | Longinos al virrey 23 de mayo de 1790; (AGN 527) | 144 |
| 4.13 | Sessé al virrey. Valladolid 16 de agosto de 1790; (AGN 527) | 153 |
| 4.14 | Longinos al virrey 29 de Octubre de 1790; (AGN 527) | 155 |
| 4.15 | Longinos al virrey 15 de noviembre de 1790; (AGN 527) | 157 |
| 4.16 | El fiscal al virrey. México 8 de Enero de 1791; (AGN 527) | 158 |
| 4.17 | Sessé al virrey. 12 de enero de 1791; (AGN 527) | 161 |
| 4.18 | Sessé al virrey. Zapotlán 13 de febrero de 1791; (Museo Naval 562, 329-334) | 161 |

| | | |
|---|---|---|
| 4.19 | Longinos al virrey. 20 de enero de 1791. Sobre producciones dadas. (AGN 527) | 168 |
| 4.20 | Sessé al virrey. Guadalajara, 22 de julio de 1791; (AGN 464) | 168 |
| 4.21 | Sessé al virrey. 2 de julio de 1794; (AGN 527) | 170 |
| 4.22 | Martín de Sessé a Juan Francisco Jarabo. México 28 de junio de 1800 | 189 |
| 4.23 | Oficio del dr. Jové | 192 |
| 4.24 | Oficio de Mariano Aznarez | 194 |
| 4.25 | Oficio del Lcdo. Moreno | 195 |
| 4.26 | Oficio del cirujano Ferrer | 198 |
| 4.27 | Oficio del dr. Arellano | 201 |
| 4.28 | Réplica de Sessé a todos los oficios anteriores, dirigida al director y administrador del hospital el 4 de Agosto de 1800 (se extiende a lo largo de 57 puntos) | 202 |
| | Agradecimientos | 223 |
| | Bibliografía | 223 |

## 1. Presentación

### 1.1. Generalidades sobre Historia de la Biología

Con la revolución francesa y el resquebrajamiento del mundo antiguo, feudal y católico, se pretende establecer el predominio de la razón sobre la fe. Los revolucionarios adoran a la razón como a una verdadera diosa e incluso, apresuradamente, le dedican un altar en Nôtre Dame, la Catedral de Paris. Desde entonces, en el ideario jacobino, la razón será encargada de librar a las generaciones futuras de las oscuridades y del dogma. En las áreas de la Ciencia surgen actores igualmente revolucionarios y sin la menor duda uno de los fundadores de la Biología fue Jean Baptiste Lamarck, quien trazaría con un rumbo pertinente sus métodos iniciales. Darwin, tan a menudo citado como el fundador de la moderna metodología en el estudio de los seres vivos, tuvo otra misión. Fue él, Darwin, quien introdujo para el mundo capitalista su querida selección natural a la cual se le han pretendido achacar mil virtudes, y que más tarde el socialismo real soviético adoptaría con sus contradictorias consecuencias. En el caso de Lamarck, desdeñado o admirado, su ideario se ha mantenido como parte del debate evolucionista hasta la actualidad. Desde el darwinismo temprano y con gran intensidad en los sesenta del siglo pasado, una clara imposición político-ideológica articulada con los intereses sobre la herencia etno-céntrica, haría ver como insostenible todo lo referente a Lamarck inclinando la balanza a favor de Darwin. No obstante, en el arranque del siglo XXI la obra de Lamarck está siendo nuevamente revalorada con asombrosos descubrimientos y revelaciones, esta vez irreprochables aunque presentados siempre como compañía del darwinismo (Skinner, 2015; Stansfield, 2011). Un capítulo importante de la Historia de la Biología que está por escribir consistirá en aclarar qué proporción de ésta dedica sus esfuerzos a mantener a Darwin como padre fundador y a la selección natural como base científica por encima de toda duda o cuestionamiento. En términos generales, y dicho de otro modo, qué parte de la Biología es persuasión, esfuerzo por mantener una autoridad, la del darwinismo, que está basada en la tradición y en juegos de palabras (Cervantes y Pérez Galicia, 2015), en el lugar que corresponde a la razón. En las páginas que siguen se presentan algunos ejemplos de cómo la autoridad, mediante la persuasión, puede tener una función mucho más importante en la Historia de la Ciencia que la que habitualmente se viene concediendo. No cabe decir que esto sólo ocurre así en México. Los ejemplos que aquí se aportan son debidos a la existencia de una documentación abundante y cuidadosamente conservada, pero la ciencia en México ha sido y es parte de la ciencia mundial con la cual comparte sus principales características. Es seguro que casos similares aguardan su estudio en todos los países con una tradición científica.

En el caso de México, desde sus inicios post-revolucionarios en el primer tercio del siglo XX, la escuela fundadora mantuvo una posición poco crítica en los temas fundamentales de la Biología evolutiva, siguiendo los vaivenes de las grandes escuelas europeas (tanto de occidente como del este). En cierta forma el proceder estaba justificado porque, aun entre las grandes escuelas biológicas del planeta, el panorama todavía era confuso además de que, dependiendo de la potencia de la que se tratara, más que la objetividad científica lo que se manifestaba eran las tendencias ideológicas propias de cada país para interpretar los hechos. La cuestión económica suele dominar a la científica tanto en los países que forman escuelas como en los que las siguen y la fundación de tales escuelas en países más desarrollados no está libre de consideraciones sociopolíticas o económicas. En el México nacionalista, el gasto en ciencia se dedicaba principalmente a las necesidades más imperiosas del país no quedando mucho remanente para las cuestiones de la llamada Biología Fundamental. La idiosincrasia de los países del tercer mundo hace que siempre estén a la espera de seguir la escuela que responda mejor a las condiciones sociopolíticas de turno. No se olvide que al arranque del México post-revolucionario una buena parte de las autoridades de las Ciencias Biológicas seguía un materialismo dialéctico marxista-leninista con un claro alineamiento hacia la escuela de Darwin, aunque ciertamente sin desatender algunos referentes lamarckianos. En el México del siglo XXI y como resultado de la de-construcción del nacionalismo, se mantiene una tendencia corrida hacia el neodarwinismo aunque la escuela ya no sea marxista. Ciertamente, se prefiere seguir justificando y reverenciando a Darwin y su selección natural aun en contra de toda evidencia y de manera totalitaria, sin disidencias, situación por demás increíble dado que esto ya no acontece en ningún país del llamado primer mundo, ni siquiera en varias partes de Latinoamérica. ¿Por qué sucede esto? Quienes escribimos estas líneas consideramos que esta ortodoxia podría modificarse, por lo menos hasta cierto punto, con el arribo de la revolución epigenética que muchos científicos modernos consideran como lamarckiana (Stansfield, 2011), pero necesariamente se tendrían que fundar otras escuelas de Biología en México dado que las existentes mantienen un control centralizado desde su fundación. Desde este punto de vista hace falta cierta independencia para retomar los nuevos rumbos de la Biología que, definitivamente, no pueden seguir siendo comandados desde la escuela central darwinista.

Es debido a esa cargada oficial hacia Darwin con su epicentro en la capital del país que en México no hubo nunca una disidencia clara como aquella que existió y ha persistido en múltiples establecimientos científicos occidentales (Jinks, 1964; Lamm y Jablonka, 2015). Aquellos científicos internacionales descreídos de la selección natural, no dejaron de denunciar su escepticismo ni aun cuando arribó para sostenerla el arsenal de la genética clásica, el mendelismo o el dogma de la Biología Molecular (Waddington, 1976). Pero no nos queda claro si la adopción del darwinismo, tanto en general como en México, ha sido debida a los experimentos de genética articulados con idearios evolucionistas originales de gran alcance (Barahona, 2013), o más bien a razones de índole político y estratégico; es decir, que quienes realizaban aquellos experimentos eran ya darwinistas convencidos.

La adopción del darwinismo en México se fue dando de forma particularmente doctrinaria. Cuando en los primeros lustros del siglo XX se pusieron en evidencia en otras partes del mundo las tesis etno-céntricas del darwinismo, hubo discrepancias importantes y no sólo por parte de los países comunistas. Además existió todo un ideario experimental irreprochable sobre herencia biológica, que no podía explicarse al modo darwinista o neodarwinista (Lamm y Jablonka, 2015). Así, mientras aquellos países que recogieron parte del legado de la herencia atípica avanzaron en muchos sentidos hasta arribar a la revolución epigenética (Holliday, 2006; Lamm y Jablonka, 2015), los mexicanos en cambio vieron pasar las cosas quizás de manera indiferente sin advertir el cambio. Es por ello que definitivamente no puede y no debe estar tan centralizado el criterio evolutivo. Pero...¿Cómo se llegó a esta concepción dogmática en el México del siglo veintiuno?, ¿Acaso jamás se leyó al verdadero Lamarck? Parece ser que la respuesta se encuentra en una conducta de una verticalidad extrema aludiendo al principio de autoridad que tiene sus condicionantes históricos desde la propia fundación de la Biología.

## 1.2. Condicionantes históricos al proceso de instauración de la Biología en México

Volveremos la mirada atrás para analizar los detalles de hechos ocurridos hace muchos años en la ciudad de México y en sus alrededores, entonces Nueva España. Nuestra intención no queda en el conocimiento minucioso de acontecimientos pasados; más allá de esto, la historia nos ha de servir para ver qué es lo que permanece de todo aquello como elemento constituyente de un mundo que todavía hoy necesita reparar serios problemas estructurales. La ciencia de hoy comparte con la ciencia de entonces elementos que veremos con más claridad a través del prisma de la Historia. Dicho de otro modo, la ciencia será mejor, podrá corregir algunos de sus defectos, cuando los haya visto con la lente de aumento de su base histórica que, afortunadamente, está disponible en una colección de documentos rigurosamente conservados en el Archivo General de la Nación y en otras instituciones.

Analizaremos algunos episodios ocurridos durante el periodo de fundación e inauguración de la sistemática linneana y de los gabinetes científicos a cargo de la Expedición de Nueva España (1787-1803). Pero estos episodios se remontan a aquel periodo pre-revolucionario al que nos referíamos al principio como de predominancia feudal y católico, antes de la Independencia. El paréntesis post-independista de 1821 a 1868 concretaría muy poco en lo referente al estudio de las Ciencias Naturales debido a una desgastante guerra entre conservadores y liberales. Ya entrada la dictadura porfiriana (1868-1910), es cuando al fin se logra un periodo de estabilidad relativa que permite un cierto progreso económico (que no social). Es en este periodo que los estudios sobre los seres vivos nuevamente comienzan a asomar la cabeza con la Sociedad Mexicana de Historia Natural (SMHN). Luego, se hizo necesario derrocar la dictadura y es así que el arranque propiamente dicho de la Biología en México, titubeantemente se dio tras la consumación de la Revolución Mexicana (Moreno de los Arcos, 1984, Ruiz-Gutiérrez, 1987, Barahona, 2009).

No hay duda de que el trazo inicial que permitió la posterior fundación de la Biología en México, se dará durante el controversial periodo de gobierno de Porfirio Díaz. El porfiriato - como así se conoce al gobierno de Díaz- será uno de esos periodos de la historia que ha logrado sostener, aun en nuestros días, acaloradas discusiones, enfrentando a los emergentes neoconservadores con los continuadores del nacionalismo de viejo cuño. Según la visión del historiador oficial en turno, el gobierno de Porfirio Díaz será el de un dictador o por el contrario, el de un forjador del progreso o incluso podrá ser ambas cosas. Ciertamente se ha visto a don Porfirio en la historia como un hombre polémico. Nuestro punto de vista es que si bien, por un lado supo contener por medio de la fuerza a las mayorías propiciando la concentración de las riquezas para unos cuantos - situación a la que se ha dado el nombre de progreso-, también es cierto que dentro de ciertas elites hizo esfuerzos por elevar la cultura y la ciencia con algunos resultados positivos a la larga, aunque con sus matizaciones. Así por ejemplo, se dieron interpretaciones marcadamente parciales y tendenciosas para convalidar en nombre de la ciencia el principio de desigualdad racial basándose en las expresiones más falaces de los teóricos del positivismo europeo. A los hombres del porfiriato que validaban sus actuaciones interpretando a intelectuales como Auguste

Comte, John Stuart Mill, Hippolite Taine, Herbert Spencer o Darwin se les conoció con el epíteto de "los científicos" (Matute, 1991).

Por supuesto que entre esos científicos cercanos a Porfirio Díaz hubo gente valiosa que bien merecía continuar con su trabajo luego de ocurrida la revolución, dado que no convalidaron explícitamente aquellas frases o textos que refrendaban todos los principios de desigualdad posibles y que hacían ver como lastres a las razas cobrizas. Entre esos hombres probos que se forjaron en el periodo del poder porfirista para luego consolidar establecimientos científicos que eran más que indispensables en un periodo posrevolucionario que se decía progresista, se encuentra don Alfonso Herrera (1868-1942). Quisiéramos clasificar en el mismo sentido al otro hombre relevante de ese periodo y de quien trataremos más adelante que es Isaac Ochoterena (1885-1950). De él, no sabemos si haya mantenido contacto directo con el poder de la dictadura, pero es verdad que luego de derrocada ésta, hizo gala de una conducta *sui generis* para arribar al poder del oficialismo post-revolucionario en lo educativo, y, como veremos, hay denuncias de que fue el jefe de la Biología en México sin haber tenido relevantes méritos académicos (Gómez-Pompa, 1993; Piñero, 1996). En este siglo XXI, al primero se le ha llegado a considerar como un gran constructor de establecimientos científicos a pesar de haber tenido que lidiar con el porfirismo que es meramente una circunstancia histórica en su caso. Al segundo se le considera el fundador oficialista de los establecimientos biológicos en el país, y si bien se le vanaglorió en principio y particularmente en el periodo del gobierno post-revolucionario de izquierda, hoy en día, las nuevas revisiones lo hacen ver como un personaje oscuro y polémico (Aullet Bribiesca, 2012; Garza-Almanza, 2013; Ledesma-Mateos, 2000).

Pero, ¿cómo es posible que a un hombre de personalidad menor en lo científico, se le entronice en México y se le hagan honores como figura máxima del conocimiento? Bueno no es raro que eso pase. Como veremos también para el caso del director de la expedición del siglo XVIII, Martín Sessé, fue más ventajoso ser político que tratar de hacer progresar el conocimiento. Hay quien ha encontrado una virtud en los modos de proceder de Ochoterena diciendo que fue un hombre de su tiempo, que hay que justificarlo porque fue un hombre del poder. El problema es que ya pasó el tiempo y sigue habiendo muchos hombres que se comportan como él.

Sin pretender descalificar en ningún modo la calidad de la Biología que se hace en México, diremos que domina una visión darwinista tautológica, que viene siendo aquella que fundó Ochoterena. La diferencia principal respecto a los nuevos biólogos estriba en que estos publican sus investigaciones en revistas internacionales y realizan sus post-doctorados en los grandes centros académicos de universidades europeas y norteamericanas. Aunque, por supuesto, estamos hablando en general de foros darwinistas. No obstante el aparente avance, en México no existe disidencia como ya hemos dicho que si la hubo y la hay en los grandes establecimientos.

Necesariamente tenemos que trazar los antecedentes. Para ello veremos en lo inmediato un rápido perfil de Sessé para contrastarlo con el de Ochoterena. Más adelante notaremos que, en el caso de Sessé, fue necesaria una persistente pero cada vez más intensa retórica persuasiva, así aconteció en una larga polémica que le obligó a esforzar su pensamiento ante un oponente extraordinario como lo fue José Longinos Martínez. Sessé quería tener las manos libres, Longinos exigía democracia. Pero la retórica de altos vuelos no es el terreno del dr. Ochoterena. En él se despliega más bien un proceso que se va pactando desde lo obscuro. Ya en la práctica, se va vejando y desgastando al que se va a denostar, antes de proceder a imponer un acto contundente diríamos que hasta primitivo. Esto es, se va preparando el terreno para asestar un golpe que servirá de lección al agresor en turno y a los que le puedan seguir. Desde ese antecedente notaremos que el darwinismo en México se impuso primero por descuido e indolencia aunque más tarde intervino con gran eficacia la persuasión pactando los rumbos a seguir dictados por los préstamos del vecino del norte.

## 1.3. Martín de Sessé y Lacasta (1751-1808). Antecedentes preliminares

Martín de Sessé y Lacasta (1751-1808) fue director de la Expedición Científica a la Nueva España (1787-1803). A diferencia de lo ocurrido en otras expediciones de la época, el director en esta no era un profesional de la ciencia, sino que Sessé era médico militar. Su nombramiento tiene que ver con una compleja red de influencias, lo que hoy llamaríamos un grupo vinculado por relaciones de poder o un lobby, y en el proceso no se descartan asuntos económicos. Sessé había aportado, o al menos había propuesto aportar, parte de su dinero a la Expedición. Pero recién llegado a México las cosas habían cambiado y sus conocidos ya no se encontraban en los puestos de responsabilidad de antaño. Así, el director de la Expedición se enfrentó con representantes de una institución, el Protomedicato, que había alcanzado ya entonces un elevado nivel profesional y académico. Los insultos de Sessé a los miembros de esta institución constan, como veremos, en documentos de la época. En su enfrentamiento con el Protomedicato, Sessé necesitaba al menos que los miembros de la Expedición permaneciesen unidos, como una piña. Pero a los pocos meses de comenzar las tareas de la expedición, Sessé tuvo serios enfrentamientos con algunos de sus miembros. Veremos con algún detalle los casos de Senseve, que fue relevado en algunas de sus obligaciones y de José Longinos Martínez Garrido, quien decidió separarse de la Expedición y obrar por su cuenta. En la fase final de su estancia en México, Sessé protagonizó una agria polémica con las autoridades médicas del Hospital de San Andrés. Su empeño en habilitar una sala de experimentación, en la que probar el efecto de los nuevos remedios naturales descubiertos en sus excursiones botánicas sobre los enfermos, tuvo la oposición de los médicos del hospital y, no obstante, salió adelante. Por supuesto que los enfermos con quienes se realizaban las experimentaciones eran los pobres. En los documentos conservados de la época se aprecian argumentos a favor de unas y otras posturas y queda claro que Sessé pudo imponer su voluntad en algunas ocasiones enfrentándose con profesionales de la medicina y de la ciencia que no carecían precisamente de argumentos. La fuerza de la autoridad, el poder de la persuasión debieron entonces ejercer un efecto notable para conseguir resultados que, vistos desde la distancia y con la debida frialdad que proporciona el transcurso del tiempo, no eran los más aconsejables desde una perspectiva puramente ética. ¿Qué otra perspectiva podríamos encontrar más importante? Pero entonces, como hoy, encontramos en los debates científicos una parte que se rige por la ética y otra que se rige por el poder. El estudio de algunos ejemplos históricos permite distinguir entre ambas alternativas y abre las vías para futuros estudios en los que la Historia de la Ciencia explore cuándo un científico toma sus decisiones en una u otra dirección.

Hemos analizado algunos documentos originales conservados en el Archivo General de la Nación y en la *Wellcome library*. Otros se han obtenido de las publicaciones científicas. En cada caso se indicará la procedencia de los documentos.

### 1.4. Isaac Ochoterena Mendieta (1885-1950). Antecedentes preliminares

En todas las revoluciones del conocimiento, siempre habrá hombres que queden injustamente al margen de los nuevos planteamientos siendo reemplazados muy frecuentemente por aquellos que dicen ser actores y voceros oficiales de un nuevo paradigma, siendo que, con cierta frecuencia, la historia nos enseña que estos más bien fueron afines al lobby intelectual en turno. En ese sentido, veremos que Sessé aprovechó una coyuntura científica y política fundamental, esto es, por un lado, sus relaciones con el poder y por otro, el triunfo de la reciente sistemática linneana. Siendo así parecía difícil que alguien pudiera contradecirle en torno a unas nuevas reglas del juego tanto científicas como de poder político, que, ciertamente, apenas estaban siendo introducidas en la Nueva España. Sin embargo hubo resistencias racionales.

Un caso similar encontramos asimismo en México trasladándonos en el tiempo. Así, la Revolución Mexicana sirvió para colocar en todos los establecimientos a aquellos hombres que supuestamente estaban a la altura de las nuevas circunstancias. Si en el caso de Sessé la justificación para nombrarlo autoridad fue la sistemática lineanna (además de su cercanía con los Gálvez), en el caso de Isaac Ochoterena lo que le permitió elevarse como máximo representante de las Ciencias Biólogicas en México fue el cambio. El periodo post-revolucionario hizo reemplazar a ciertos hombres dedicados al estudio de la Historia Natural por otros que tuvieron la habilidad de mimetizarse como gente progresista, colocándose en el centro del poder tan sólo por decirse afines a las causas de la revolución, no sin antes hacer pedazos la reputación de aquellos que prevalecieron en las condiciones políticas previas y que no encajaban con las políticas del poder en turno. Es el caso de Isaac Ochoterena, quien hizo gala de varios métodos de persuasión *sui generis* con tal de arrebatar todo el organigrama que sobre el estudio de la Historia Natural había sabido construir el sabio Alfonso Herrera. Es irónico que existan factores críticos comunes en la obtención de poder por parte de ambos personajes, pues tanto el fundador de la Historia Natural en la Nueva España (Sessé) como el que lo fue de las instituciones biológicas en el México post-revolucionario (Ochoterena) ciertamente parecen haber tenido pocas credenciales académicas para desempeñar el principio de autoridad en sus respectivas materias. Por otra parte también es cierto que ambos fueron autodidactas y beneficiarios improvisados en el momento de fungir en sus altos cargos.

El legado que ambos personajes dejaron para distintos rubros del conocimiento biológico en México necesariamente está por considerarse y evaluarse en su justa dimensión. Ciertamente, como ha mencionado Vicente Cervantes con mucha aflicción (Cervantes, 1817), el jardín botánico jamás se instaló, siempre se mantuvo de manera improvisada a un lado del Palacio de Gobierno y después de más de doscientos años de establecida la sistemática botánica en México vemos que su aplicación médica amalgamada con la ciencia curativa indiana (promesa hecha por Sessé a Carlos III) en verdad que todavía está lejos de cumplirse. De igual manera, y tras un largo lapsus de inoperancia en las

Ciencias de la Vida en el México independiente, lo que hiciera Ochoterena en el primer tercio del siglo XX no parece haber sido mejor que aquello que desarrollara don Alfonso Herrera, se deduce ello a partir de lo que ha mencionado el dr. Daniel Piñero, referente a que prácticamente en todo el siglo XX, los artículos mexicanos dedicados a la investigación biológica, se dedicaban en un mayor porcentaje a la catalogación de flora y fauna (Piñero, 1996). Pero podríamos considerar otras cuestiones que podrían verse como más importantes en ese momento luego de ocurrida una revolución social, es decir, si por lo menos hubo un avance en cuanto a equidad. Pues bien, eso tampoco ocurrió, dado que sabemos que luego de fungir como autoridad durante cerca de treinta años, la educación en la universidad seguía siendo centralista y muy elitista (Mendoza Rojas, 2001).

La moraleja es la misma en ambos casos: *si no tienes el poder del conocimiento usa el poder de la persuasión y cuando tengas el poder real decide las reglas del juego.*

## 1.5. Una disyuntiva histórica

A lo largo de la historia de Hispanoamérica en general y de México en particular se encuentran múltiples casos de enfrentamientos de intereses, confrontaciones que han dado lugar, no sólo a guerras, sino a otras muchas expresiones de la violencia social. Teniendo en cuenta que, según Kenneth E. Boulding (1963), la institución que domina la economía en el siglo XX es la guerra, es lícito preguntarse qué proporción de los casos de violencia registrados en la historia serían debidos a -o estarían en directa relación con- intereses económicos. Puede que sean muchos. Si así fuese, una ciencia sometida a los intereses económicos, no haría más que agravar la situación, mientras que, por el contrario, una ciencia independiente podría aliviarla. Pero la disyuntiva entre una ciencia como instrumento exclusivo del poder y una ciencia algo más abierta no es nueva en la Historia, en general, ni tampoco lo es en la historia de México, en particular. Tal vez en este último caso se dan las circunstancias favorables para el estudio de las relaciones entre Ciencia y Poder o Ciencia y Autoridad.

En 1539 Francisco de Vitoria, de la Orden de Predicadores y fundador de la Escuela de Salamanca, pronuncia en la vieja universidad de aquella ciudad castellana las llamadas relecciones sobre los indios; la primera "*De Indis*", y la segunda titulada "*De Iure Belli*", origen del Derecho Internacional Público. En ellas cuestiona la autoridad del Emperador para invadir los territorios descubiertos planteándose dos cuestiones importantes: Primera, la igualdad de derechos entre los hombres. Segunda, establecer hasta qué punto y en qué medida las instituciones académicas deben su obediencia al poder del rey. Ambas cuestiones están vinculadas desde su origen puesto que si desde las esferas de la Academia admitimos un poder sin límites, es decir incuestionable, entonces no podremos ya reclamar derecho alguno, ni libertad. Habremos admitido entonces que nuestra libertad se limita a la que el poder nos conceda; es decir, ninguna. Que nuestros derechos serán los que el poder otorgue; es decir, ninguno. He aquí pues una de las funciones principales de la Academia, a la que nunca puede renunciar: Moderar el poder, poner límites a la autoridad (Cervantes, 2015).

En relación con la historia de México, en su capítulo dedicado a José Antonio de Alzate y Ramírez, dentro del libro titulado Periodismo Científico en el siglo XVIII, y coordinado por la Dra. Patricia Aceves Pastrana, el dr. Francisco Javier Puerto Sarmiento escribe:

*Los científicos españoles, en su mayoría, defienden la ciencia como exclusivo instrumento de poder. Los científicos asentados en los territorios coloniales, ante la imposibilidad de hacer más permeables sus posturas, las asumen y las predican a sus conciudadanos. Para ellos la ciencia es conocimiento y poder, y ese poder puede ser empleado para la libertad. De esta manera, personajes partidarios de la monarquía española, tradicionalistas en sus concepciones políticas, religiosas y sociales, como pueden ser el propio Alzate o Celestino Mutis, se transforman en paladines de la libertad de México o Colombia.*

Cierto, había también en Nueva España en el siglo XVIII personajes que entendían que la Ciencia y sus instituciones, la Academia, deben estar al servicio del conocimiento, y por tanto de la libertad; lo cual es una manera de limitar el poder de la autoridad. Otros, sin embargo, defendían la ciencia como exclusivo instrumento de poder.

En los capítulos que siguen veremos y analizaremos algunos ejemplos de ambos casos. Nuestro interés no está encerrado en la contemplación de tiempos pasados. Nos importa sobre todo ver cómo ha evolucionado esta disyuntiva a lo largo del tiempo. No estudiamos la Historia sólo para conocer el pasado, sino porque creemos que en él están contenidas las claves del futuro.

## 1.6. Persuadir y Convencer

En el apartado 6 de su Tratado de la Argumentación (La Nueva Retórica, pp. 65-71), Perelman y Olbrechts Tyteca intentan establecer la diferencia entre persuadir y convencer. Leemos:

*...proponemos llamar persuasiva a la argumentación que sólo pretende servir para un auditorio particular, y nominar convincente a la que se supone que obtiene la adhesión de todo ente de razón.*

Se reconocen así estos autores próximos a Kant para quien la principal diferencia entre persuadir y convencer se encuentra en el carácter subjetivo u objetivo de los argumentos empleados. A nuestro entender y mirando el problema desde una perspectiva científica, la persuasión tiende a ser más una cuestión de gestión (subjetiva, particular, académica en el caso de la ciencia y en la mayoría de los casos de índole económica), mientras que el convencimiento (convicción) es más objetivo y general, más profundo. Es decir, alguien puede ser persuadido para hacer algo de lo cual no está convencido y, en tal caso encontrará por ejemplo, numerosas justificaciones: no puede ser de otro modo, siempre fue así, no queda otro remedio. La convicción, por su parte pertenece al ámbito más profundo del conocimiento y aspira a encontrarse fuera de los límites del poder implicados en la academia. Estamos de acuerdo con Perelman y Olbrechts Tyteca (1989) en que, en cuestión de argumentación, nada hay que sea absolutamente racional, pero notamos un componente de autoridad que es más importante en el concepto de persuasión que en el de convicción. Dicho de otro modo, basta la razón para convencer pero hace falta la autoridad para persuadir y, en los terrenos de las instituciones científicas, la autoridad es autoridad académica, basada en el poder económico. Por lo general la convicción es el resultado de un proceso racional, mientras que la persuasión se relaciona más con la sumisión, con la colocación en una posición de obediencia. El análisis de las estructuras académicas en la Nueva España, cuando, a finales del siglo XVIII, se impone la ciencia como instrumento de poder, proporciona ejemplos notables de persuasión que permiten un análisis que es interesante, no sólo por lo que se refiere al pasado, sino sobre todo por su aplicación directa en el presente, en el análisis de las estructuras académicas contemporáneas.

### 1.7. Persuasión y Poder: La Ciencia como Aparato de Persuasión

El libro titulado Cartografía personal es una recopilación de entrevistas realizadas al ingeniero y escritor Juan Benet (1927-1993). De una de ellas extraemos el siguiente fragmento:

*P- A la hora de construir un texto: ¿Qué diferencias hay entre uno puramente novelesco y otro claramente ensayístico analítico? Entiendo que en determinado momento ambos son narración, literatura perdiendo parte de su carácter ensayístico, analítico.*

*R.- Tú le llamas narrador a lo que simplemente es un estilista: de cualquier modo yo suscribo parcialmente tu teoría. Por ejemplo, El Origen de las Especies, creo, no hubiera tenido una influencia tan decisiva en todo el pensamiento posterior si no hubiera sido porque está magistralmente escrito. Y al manifiesto comunista, que está redactado con mucho primor, le pasa lo mismo; si no hubiera estado tan bien escrito el Manifiesto, el fantasma del comunismo hubiese sido menos peligroso y no habría convencido tanto. No olvides que la Ciencia es un aparato de convicciones; a ti la ciencia te convence de la ley de la gravedad, o de la segunda ley de la termodinámica aun no conociéndolas, y el estilo es un aparato tan poderoso para convencer como la Ciencia: pues para qué más quieres, es como el que ama a una mujer y además le gusta...*

No entraremos aquí a discutir en detalle si el Origen de las Especies está o no está magistralmente escrito, pero no podemos dejar pasar por alto que, en su respuesta, Juan Benet está dando un magnífico ejemplo de lo que dirá después: La Ciencia como aparato de convicciones. Se ha dicho que la Selección Natural es una interesante metáfora. Creemos que sí, que es metáfora realmente interesante pero lo es para los intereses de los poderosos, para justificar y apoyar con argumentos (pseudo)-científicos ese *saqueo de los pueblos coloniales de tres continentes* del que hablaba Enrique Selmo en su libro Historia del capitalismo en México (1982), del que destacábamos unas frases en el epígrafe. No entraremos aquí en más detalles sobre el análisis de la obra de Darwin. Tan sólo comentar brevemente que no creemos que Juan Benet hubiese leído más allá de algunas de sus páginas, sino que en este párrafo suyo hace esa función que es garantía principal de éxito en todo escritor, la de tira-levitas: adular a la figura consagrada. Del manifiesto comunista y el llamado fantasma del comunismo tampoco vamos a hablar aquí. Lo que nos interesa, y mucho, ahora es esa consideración de La Ciencia como Aparato de Convicciones: Interesante metáfora, muy próxima a la de la Ciencia como Religión de la que trata la frase de Agustín García Calvo apuntada en el epígrafe. Pero a nosotros, que hemos visto ya la distinción que la Retórica hace entre convicción y persuasión, nos gustaría afinar en el análisis y, más allá de la sentencia de Benet, denominar a la Ciencia Aparato de Persuasión. Porque, si por un lado es cierto que los contenidos de la ciencia sirven al poder, por otro lado es también cierto que dichos contenidos se van construyendo en la medida que al poder conviene. Así por ejemplo, cuando Darwin en *The descent of Man* (Darwin, 1874) afirma:

*At some future period, not very distant as measured by centuries, the civilized races of man will almost certainly exterminate, and replace, the savage races throughout the world. At the same time the anthropomorphous apes ... will no doubt be exterminated. The break between man and his nearest allies will then be wider, for it will intervene between man in a more civilized state, as we may hope, even than the Caucasian, and some ape as low as a baboon, instead of as now between the negro or Australian and the gorilla.* (Darwin, 1874).

(En algún período futuro, no muy distante si se mide por siglos, las razas civilizadas de hombre casi seguramente exterminarán, y sustituirán a las salvajes en todo el mundo. Al mismo tiempo los monos antropomórficos... sin duda serán exterminados. La distancia entre el hombre y sus parientes más cercanos entonces será más amplia, ya que se encontrará entre el hombre en un estado más civilizado aún que el caucásico, como podemos esperar, y algún mono tan bajo como un babuino, en vez de como ahora entre el negro o el australiano y el gorila. ) (Darwin, 1970).

No está diciendo aquí que esa sea una argumentación científica, sino que, en el fondo, es conveniente a un alineamiento con su mundo imperialista. Por grande que sea nuestro idealismo y elevado nuestro concepto de la Ciencia, por mucho empeño que pongamos en hacer ver que la expresión Autoridad Científica es oxímoron, que encierra una contradicción en sí misma, y que en Ciencia la única autoridad posible se encuentra en los razonamientos y en las demostraciones, tendremos que reconocer que, a lo largo de la Historia, Ciencia y Poder están unidos por vínculos inexorables, que el conocimiento institucionalizado que constituye la Ciencia reposa en los recipientes de la Academia, que es una estructura de poder y, si bien es cierto que en el entorno de la ciencia el poder no se manifiesta de modo explícito, abierto, como en la milicia, en el combate o en la guerra, la actividad científica es el objeto y el resultado de un poder que generalmente se expresa de forma sutil, tomando la forma de la persuasión, ese aparato de convicciones a que se refiere Benet en su entrevista. Veamos algunos ejemplos.

## 1.8. Carta de Humboldt a Bonpland (1805)

Aimé Bonpland (1773-1858), que había sido discípulo de Lamarck y de Jussieu en Paris, y que había acompañado a Louis Antoine de Bougainville (1729-1811) en su segunda expedición alrededor del mundo, viajó por América entre los años de 1799 y 1804, con Alexander von Humboldt (1769-1859) visitando lo que hoy son territorios de Venezuela, Colombia, Ecuador, Perú, Cuba, México y los Estados Unidos. Bonpland era el botánico en la celebrada expedición de Humboldt. El día 10 de junio de 1805 Alexander von Humboldt escribe a Bonpland desde Roma:

> Me he reído mucho de la carta de Née. Menciónelo todas las veces que sea posible y elogiosamente. Haga una lista de las gentes que hay que alabar perpetuamente, y alabe a la vez a Née, Zea, Mutis, Cavanillas, Sessé, Pavón y Ruiz y Tafalla y Olmedo. Yo he actuado así en mis manuscritos y es preciso que los suyos estén acordes con los míos, ya que formamos un solo cuerpo, y quiero que se sepa que no tomamos ningún partido. (Humboldt, 1989).

Ofreciéndonos así en este breve fragmento un ejemplo de esta facultad tan importante en la Ciencia y tan profundamente arraigada entre sus más altos representantes: la persuasión. La capacidad para inducir, mover, u obligar a algo. En este caso Humboldt ejerce su poder de persuasión llevando a Aimé Bonpland a hacer algo: a citar a unos autores determinados evitando así citar a otros.

La capacidad de una persona para influir en otras se denomina persuasión. La persuasión es cualidad fundamental para construir, mantener o transformar las estructuras del poder y se encuentra muy arraigada en la conducta de los individuos que constituyen el mundo académico. Entre sus estamentos es necesario guiar a sus miembros y, sobre todo en las fases iniciales de sus carreras, para la adopción o defensa de una idea o actitud, o hacia determinadas acciones. En general, el poder obra mediante la persuasión, otorgando al mundo una configuración nueva, artificial, impuesta. En su ejercicio, el poder aspira a una función sobre-humana en el sentido de que dirige los pensamientos y las acciones de otros seres humanos. Se trata de ejecutar lo que los latinos conocían como *Movere* (motivar), esa función propia de la épica que en los textos escritos ha dado obras que constituyen la base de civilizaciones, como la Ilíada, la Odisea, el Cantar de Mío Cid, *Os Luisíadas* y otras. En estas obras, como en la épica en general, la finalidad no es enseñar ni entretener, sino conmover, maniobrar, manipular; es decir, transformar profundamente al individuo en los estratos más básicos de su psique y edificar así la sociedad desde sus fundamentos. La persuasión tiene asimismo esta función épica.

Hemos visto en acción a la persuasión en Humboldt y, a partir de ahora, vamos a verla más detenidamente en uno de los autores citados en el fragmento de su carta dirigida al botánico (y súbdito suyo) Aimé Bonpland. Indica, sugiere Humboldt a Bonpland, la necesidad de alabar a Sessé, pero no indica ni a Vicente Cervantes ni a José Longinos Martínez, participantes como el primero en la Expedición a la Nueva España. Es curioso porque ambos, Vicente Cervantes y José Longinos Martínez, son los que ganaron sus plazas honradamente mediante concurso legal en el Real Jardín Botánico de Madrid, lo que les daría el derecho a incorporarse como botánico y naturalista, respectivamente, en la Expedición a Nueva España. Sin embargo, Sessé, director de dicha Expedición, consiguió su puesto, como veremos, por métodos mucho menos transparentes. No obstante, es él a quien hay que alabar todavía hoy, cuando ya han transcurrido más de doscientos años y la carta de Humboldt sigue siendo vigente.

Parece que, al menos en este caso, el beneficiario del poder de persuasión de Humboldt, es también poseedor en alto grado de esa misma cualidad. Así, a lo largo de la trayectoria de Martín de Sessé hemos encontrado muchos ejemplos de persuasión. Veamos algunos de ellos.

## 1.9. Carta de Martín de Sessé al Rey Carlos IV (1804)

En el año de 1804, en Madrid y después de regresar de la Expedición de Nueva España (1787-1803), Martín de Sessé se dirige al Rey solicitando el cargo de Médico de Cámara. Su carta, conservada en la fundación Wellcome en Londres, contiene la solicitud de un empleo para su acompañante, el dr. José Mariano Mociño. Mociño había sido el alumno aventajado de la Cátedra de Botánica de México y, aunque a él no se refería Humboldt en su carta a Bonpland, la Expedición a Nueva España se conoce por lo general como de Sessé y Mociño. ¿Qué había sido de los profesionales de aquella Expedición, el botánico Vicente Cervantes y el naturalista José Longinos Martínez, quienes habían obtenido por examen público sus cargos? Proscritos de la historia. De Cervantes, quien había quedado en México, todavía es posible encontrar huellas puesto que tuvo una larga y fructífera vida al cargo de la Cátedra de Botánica. En cuanto a José Longinos Martínez, enterrado en Campeche (Yucatán), después de agotadoras excursiones por las Californias y Guatemala, resulta difícil verlo hoy mencionado en las crónicas que tratan sobre la expedición.

En su carta de presentación al rey Carlos IV, observamos algunos rasgos del carácter de Sessé, en particular los relacionados con su poder de persuasión y con las características literarias de la épica. No es muy modesto puesto que se compara con el dr. Francisco Hernández, médico de Felipe II. La comparación, bajo diversas modalidades, es un recurso muy frecuente e importante en la épica:

*Don Martín de Sessé, Catedrático de Medicina de la Real y Pontificia Universidad de México, Alcalde Examinador de aquel Real Protomedicato, visitador general de la Facultad en aquellos dominios, socio de la Real Academia de Medicina de esta Corte, Director del Real Jardín Botánico de México y de las Expediciones Científicas del Reino de Nueva España, del de Guatemala e Islas de Puerto Rico, Cuba & con el más profundo respeto A la R.P. de Vd. expone los méritos que ha contraído en servicio de V.M. y del Estado de que hay constancia en la Secretaría de Gracia y Justicia y a vista de ellos Suplica a V.M. se digne concederle los honores de Médico de Cámara que obtuvo su antecesor el dr. Francisco Hernández médico del Señor don Felipe Segundo a quien ha tenido el honor de ilustrar lo menos mal que ha podido.*

Pero si no es modesto en su presentación, tampoco lo es en la redacción de sus méritos que encontramos a continuación en esta misma carta:

*Relación de los méritos y servicios de don Martín de Sessé, director de la Expedición Botánica de Nueva España*
*En el sitio y bloqueo de Gibraltar en el año de 1779 del siglo pasado sirvió la plaza de Practicante Mayor y Médico de Entradas del hospital del Ejército hasta que formada una grande expedición para las Américas pasó en el año de -80 al ejército de operaciones bajo el mando del Excmo. Sr. don Vitorio de Navia y después del Excmo. Sr Conde de Gálvez.*

*Infestado aquel numeroso ejército y escuadra por una terrible epidemia de calenturas a los pocos días de la salida de Cádiz, no sólo se hizo cargo de la enfermería de su navío desamparada por enfermedad de los dos cirujanos de su dotación, sino que sensible a los clamores de otros muchos buques consternados por la misma falta de auxilios, atropelló peligros y arrojándose al mar en medio del Golfo en una falúa, visitó diariamente a todos los que imploraban su auxilio dejando en cada uno entablado un método tan adecuado a la naturaleza de aquella epidemia que, a no ser por sus acertadas providencias y generosidad hubiera sido incalculable la mortandad como se experimentó en todos los buques que por dispersos o demasiadamente confiados en sus cirujanos, carecieron de su socorro.*

*Concluida la Caja de Medicinas del Navío San Nicolás en que era conocido, facilitó la de su grande y bien surtido Botiquín, sin que por este servicio ni los antecedentes hubiese querido ni solicitado remuneración alguna.*

*Durante toda aquella guerra sirvió en La Habana la plaza de Médico del Hospital de operaciones con el esmero y acierto que consta de la Certificación de aquel Intendente. En la expedición y conquista de la Isla de Providencia sirvió la Plaza de Médico Principal a las órdenes del Marqués de Cagigal, con la felicidad de no haber fallecido más que dos hombres en toda aquella campaña.*

*Dos veces que el erario se vio exhausto de caudales le prestó diez mil pesos para subvenir a las urgencias de aquella guerra.*

*Concluida esta pasó a México donde ejerció la Medicina con tanta aceptación y confianza de aquel Superior Gobierno y Real Audiencia como se deja advertir en sus Certificaciones e informes hasta que VM se dignó encargarle el establecimiento de un Jardín Botánico que prospera en aquella capital y la dirección de las Expediciones Científicas que se han practicado por toda la Nueva España, Reino de Guatemala, Islas de Cuba y Puerto Rico, de cuyas penosas peregrinaciones no piensa hacer mérito hasta que el Orbe Literario califique de útiles sus trabajos.*

*Consta todo de Títulos y Certificaciones de Generales, Intendentes, Ministros de Real Hacienda y Real Audiencia de México remitidas a esta Secretaría de Estado de Gracia y Justicia de Indias el año de 1794 por conducto del Excmo. Sr Conde de Revillagigedo.*

Fragmentos en los que podemos apreciar de nuevo esa característica tan importante de la épica que, como decíamos arriba, es la comparación, siempre presente bajo diversas modalidades. Antes se trataba de una comparación directa con otra persona: el célebre doctor Francisco Hernández, médico de Felipe II que viajó a Nueva España para estudiar sus producciones naturales en 1570. Pero así como en la Ilíada Atenea tiene ojos de lechuza y Aquiles es el de los pies ligeros, ahora Sessé recurre a la comparación mediante epítetos: *numeroso ejército y escuadra, terrible epidemia de calenturas, buques consternados por la misma falta de auxilios, sus acertadas providencia y generosidad, etc...*

La falta de modestia al hablar de sí mismo comparándose con Francisco Hernández; la consideración épica de los méritos propios es algo muy antiguo y arraigado en Martín de Sessé. Ya en 1785 cuando solicitaba la plaza de encargado de la Expedición de Nueva España lo hacía en términos épicos, como veremos pronto en su carta dirigida a Gómez Ortega, primer catedrático del Real Jardín Botánico de Madrid y encargado de organizar la Expedición científica a Nueva España. Pero antes daremos un salto en el tiempo...

## 2. Los introductores del darwinismo en México: el caso de Isaac Ochoterena

### 2.1. Etapa porfiriana y post-revolucionaria temprana: los primeros pasos, el debate en pos del darwinismo

Según sabemos, ocurrió un nutrido debate sobre la conveniencia o no de la introducción del darwinismo en México en la educación (1877-1878). Hay varias referencias al respecto a las cuales los lectores de estas líneas se pueden remitir (Barahona, 2009; Ruiz-Gutiérrez, 1987; Moreno de los Arcos, 1984). En este debate acaecido en la entonces conocida Asociación Metodófila y conducido por el que es considerado gran educador mexicano Gabino Barreda (1818-1881),[1] se dio una confrontación de elevada retórica en donde los participantes estuvieron divididos en dos bandos: aquellos que eran adeptos a varios de los dichos de la tesis darwiniana frente a los que estaban en contra de varias de las aseveraciones expresadas por el llamado sabio de Down. Los primeros recurrieron al ideario no sólo de Darwin, sino de científicos como Weismann o Huxley. Por su parte, el bando opuesto, contravino las opiniones darwinianas auxiliados por un lamarckismo derivado de las lecturas de Spencer, o Haeckel. En ambos casos expresaron sus opiniones libremente, unas dignas de considerar, otras menos. No es este el lugar para abundar sobre aquella querella pero para quienes quieran hacerlo,

---

[1] Gabino Barreda tuvo su primera participación importante en el gobierno de Benito Juárez, en donde dejó expresados en la ley de instrucción sus afanes educativos y sociales, esto es, que la educación en México debía ser obligatoria, laica y gratuita. Viajó a Francia siendo discípulo de Comte. Funda la Escuela Nacional Preparatoria y se empeña en realizar debates en torno a los mejores métodos educativos por enseñarse en el México independiente juarista haciendo uso de su veta comtiana. Participa en el gobierno de Porfirio Díaz y llega a ser diputado defendiendo siempre las estrategias educativas.

recomendamos ampliamente el libro de Roberto Moreno de los Arcos (1984) quien nos deja sobre la mesa las expresiones textuales ahí vertidas de manera íntegra, a nuestro parecer por gente de gran alcance intelectual. Ciertamente se dio el debate entre grupos que más bien fueron sobresalientes en lo literario, filosófico y político más no en cuestiones de Ciencias Naturales; empero, la retórica y los fundamentos expuestos nos hacen creer que es un tema de análisis digno de un trabajo que no termina de agotarse e interpretarse.

En el debate, si bien hubo defensores darwinianos, lo cierto es que hubo casos en los que se vieron precisados a matizar el carácter xenófobo del evolucionista inglés, pues en algunos pasajes de los escritos de Darwin se sintieron aludidos. Si sondeamos a los discípulos más cercanos a Barreda podríamos inferir que alegaron reflexionando sobre los problemas multiculturales a los que siempre se ha enfrentado el país. Es de pensar que, de aceptarse una tesis con tintes xenófobos como lo es *El Origen de las Especies* o *El Origen del Hombre*, ello invitaría a una adopción morbosa por parte de los grupos más retardatarios sirviéndose para ello de una tesis vista como científica cuando en realidad todavía adolecía de un respaldo amplio para alcanzar el estatus de conocimiento válido. En este sentido, varios notaron lo injustificable que era el supuesto de la inferioridad de las razas distintas a la caucásica, como es el caso la raza indoamericana, cuándo se ha visto que ha prevalecido a pesar del desgaste moral y físico al que ha estado expuesta por tanto tiempo. Hubo aquellos que, inclusive, dijeron tener pruebas en el sentido de que existen caracteres de la raza indígena que superaban ampliamente a aquellos observados en la caucásica. En fin, la querella fue variopinta.

Finalmente, se sabe que se impuso el criterio de Gabino Barreda más no como un acto autoritario y concluyente, sino dejando la discusión indefinida como para que, ya sembrado de múltiples cuestionamientos, el debate pudiera ser retomado en el futuro por otros pensadores. Según puede observarse, al final del debate Barreda prefirió inclinarse hacia el lamarckismo. Se le critica al educador comtiano en el sentido de que en realidad no estaba arraigado al cien por ciento en las cuestiones de Historia Natural y que, por lo tanto, su interpretación no deja de ser insuficiente. No obstante, en ningún modo señala que hubiese que proscribir la obra, sólo que había que conducirse con ciertas precauciones al momento de explicar una tesis que carecía de las pruebas contundentes para quedar plenamente demostrada.

El debate, aunque dominado y moderado por Barreda, como decimos, quedó bastante indeterminado, pero sus dichos y las formas en que se defendieron las propuestas permiten suponer que fue en este foro en el que se introduce titubeantemente el darwinismo estando arraigado igualmente el pensamiento lamarckiano. Como ya explicábamos, interpretaciones ulteriores sobre el debate con otros actores, permitieron suponer que el progreso tenía que ver con los atributos raciales y que por tanto, las tesis evolucionistas podían implementarse en una política de masas *sui generis*, de ello devino un darwinismo social que finalmente hizo crisis (González Navarro, 1988). Con la revolución mexicana, según Álvaro Matute (1991), se vino a demostrar la inutilidad de la selección natural aplicada al terreno social.

## 2.2. Segunda etapa con Alfonso Herrera

En una segunda etapa (1890-1950) sería retomado Darwin pero complementado con Lamarck, por estudiosos de la Biología como don Alfonso Luis Herrera (1868-1942) e Isaac Ochoterena (1885-1950). Nuestra opinión a partir de revisiones muy ilustrativas al respecto, es que quien se verá definitivamente favorecido en este periodo decimonónico finisecular será el propio Darwin, coinciden en ello otros autores (Aullet Bribiesca, 2012; Barahona, 2009). Todo parece indicar que el introductor en mejor forma del darwinismo en México, será el sabio Alfonso L. Herrera (Moreno de los Arcos, 1984; Ruiz-Gutiérrez, 1987).

Hay otros antecedentes como es el caso de Alfredo Duges (1826-1910), hijo de un naturalista francés que alcanzó notoriedad en la época de Cuvier, y asentado en Guanajuato. Los textos de Duges, hijo, presentan un agnosticismo convencido tanto del transformismo lamarckiano como del evolucionismo de

Darwin. En su libro de Zoología de 1884, Duges deja notas aclaratorias sobre las dos teorías y hace una crítica al respecto, que aunque muy sintética, a nuestro parecer se aproxima plausiblemente a la idea original de sus autores. Duges hijo enseñó temas de Historia Natural en una zona muy focalizada de Guanajuato donde murió. El estudio de su obra no está completado y se requiere de mayor investigación a fondo para saber la influencia real que pudo haber ejercido en México. Herrera (1922) y Beltrán (1953) han dejado apuntes biográficos de su vida, y Herrera heredará la valiosísima colección bibliográfica y hemerográfica de Duges, la cual finalmente pasará a manos de Enrique Beltrán (1903-1994).

Retomando a don Alfonso Luis Herrera, sabemos que se tituló como farmacéutico, más no consagraría su tiempo en ello dado que desde joven sus muy variadas inquietudes le hicieron ver que en realidad estaba destinado a seguir la ruta de su padre quien portaba prácticamente el mismo nombre. Ciertamente Alfonso Herrera padre había sido miembro fundador distinguido de la Sociedad Mexicana de Historia Natural (SMHN). [2] Así, Alfonso Herrera hijo, con una formación académica sólida derivada de sus estudios de licenciatura, considera intercalar en mejor forma el punto de vista físico y químico a los hechos de la naturaleza, desarrolla un materialismo que será muy coherente con sus teorías sobre el origen de la vida y sobre el desarrollo temporal de los seres vivos. Si bien fue un autodidacta en materias de Biología, no podemos decir que de manera improvisada como sucedió con los primeros miembros de la SMHN, pues poseía el rigor científico que habría heredado de su padre, y de sus sólidos estudios farmacéuticos. Con dicha estrategia se irá moviendo por las distintas disciplinas que, a día de hoy, conforman la Biología y que eran atendidas con anterioridad por hombres que en realidad no

---

[2] Fue en el primer periodo de esta sociedad (1868-1929), cuando intentó materializar el proyecto de la publicación de resultados de la expedición botánica española del siglo XVIII. Bajo sus auspicios se imprimieron los manuscritos dejados por Sessé y Mociño: *Plantae Novohispaniae* y la Flora mexicana, pero sin los dibujos. Esta y otras cuestiones, no permitieron una mejor valoración de la obra ya impresa.

estaban formados en sentido estricto en el quehacer de las Ciencias Naturales, ni dedicaban su tiempo cien por ciento en ello. El panorama comienza a cambiar de forma drástica con Herrera. Para ello tuvo que escalar posiciones en forma por demás meritoria. Sus principales cargos los obtuvo durante la consolidación del proceso revolucionario. Así fue jefe de la Sección de Biología del Instituto Médico Nacional entre 1909 y 1911; en 1914 es nombrado director del Museo de Historia Natural; y cuando en 1915 se crea la Dirección General de Estudios Biológicos, Herrera la presidirá hasta 1929. Tanto la Dirección de Estudios Biológicos como el Museo de Historia Natural tendrían edificios autónomos, lo que no acontecía anteriormente (Cuevas Cardona y cols., 2006). Durante el proceso de su bien ganado ascenso fue quitando escollos que no permitían a la Biología manifestarse como ciencia independiente, pues siempre estaba a la sombra de las Ciencias Médicas. Fue él quien notaría la necesidad de formar profesionales que se dedicasen a la Biología a tiempo completo. Desde muy joven impartió sus cursos de Zoología y Botánica, sería profesor normalista y preparatoriano, igualmente impartió en materias de nivel superior, editó el primer libro de Biología en México (Nociones de Biología, 1904), y publicó más de doscientas publicaciones, tanto nacionales como extranjeras, la última en la revista *Nature* en 1942. Debido a su visión de la Historia Natural (para Herrera, ésta debía ser relatada ya sin deslices religiosos o metafísicos), realizó los ajustes necesarios para inducir un aprendizaje materialista de esta disciplina lo que fue la causa de gran disgusto por parte de los grupos más conservadores del país (Beltrán, 1968).

El libro "Nociones de Biología" (Herrera, 1904), deja clara constancia de sus conocimientos sobre evolución. Según el mismo refiere (Herrera, 1922), tuvo dificultades para exponer sus ideas evolutivas e igualmente para instalar los establecimientos antes mencionados para enseñar la Biología. De sus lecturas directas es posible concluir que hace fragmentarias pero certeras referencias a Lamarck enunciando sus principios fundamentales. Jamás citará todas aquellas falacias que se han agregado erróneamente al invertebrista y que lo han tenido postrado frente al darwinismo. Su interpretación aunque sintética es esencialmente correcta haciendo ver un lamarckismo mecánico y anti-metafísico. Nos dice:

> El jefe de la filosofía de la naturaleza en Francia, es Juan Lamarck, que en la historia de la doctrina darwiniana, está en primer término, al lado de Goethe y de Darwin. A él corresponde la gloria imperecedera de haber elevado la teoría de la descendencia al rango de una teoría científica independiente, y haber hecho de la filosofía de la naturaleza la base sólida de toda la Biología. Lamarck nació en 1744, pero no comenzó a publicar su teoría hasta principios del siglo, en 1801, y la expuso detalladamente en 1809, en su Philosophie Zoologique. Esta obra admirable es la primera narración razonada y estrictamente conducida hasta sus últimas consecuencias, de la doctrina de la evolución. Considerando la naturaleza organizada desde un punto de vista puramente mecánico, estableciendo de una manera filosófica la necesidad de este punto de vista, el trabajo de Lamarck domina desde gran altura, las ideas místicas de su época, y hasta el tratado de Darwin, que apareció medio siglo después, no encontramos otro libro que pueda colocarse al lado de la Philosophie Zoologique. (Herrera, 1904, p. 159)

Y más adelante remata diciendo:

> En resumen, comprendió la importancia de las grandes fuerzas evolutivas y sólo faltó a su gloria ocuparse del gran principio de la selección natural demostrado por Darwin y sus comentadores (Herrera, 1904, p.161).

Herrera generará una interpretación más amplia de Darwin que la de quienes ven en él la explicación más completa frente a la de Lamarck. Llegará a considerar que Darwin es un continuador de la herencia de los caracteres adquiridos pero con sus matices propios, citando ejemplos que para ese entonces, eran considerados como adquiridos y hereditarios, por ejemplo: el alcoholismo, las enfermedades nerviosas y algunas manifestaciones teratológicas.

Herrera se adscribe plenamente al mecanismo de la selección natural. Ruiz-Gutiérrez considera que, no obstante haber sido el introductor científico del darwinismo, presentará deficiencias respecto a la interpretación del verdadero Darwin pues trató de hacerlo ver como un continuador de Lamarck, y contempla que eso no puede ser, pues según sus cotejos comparativos, Darwin es diametralmente distinto a Lamarck (Ruiz-Gutiérrez, 1987).

Empero, nosotros mantenemos la visión de que habiéndose dado interpretaciones en aquel tiempo tan diversas sobre la evolución, es difícil creer que haya habido un intérprete en mejor forma de Darwin o que haya unificado todo su ideario. Darwin por cierto, todavía no había sido des-lamarckizado. Es igualmente una época en que se estaba promocionando seriamente su teoría.

Es posible que Herrera hubiese tenido problemas de continuidad luego de ocurrido el término de la Revolución Mexicana, así lo denota en un folleto conocido como *La Biología en México durante un siglo* (Herrera, 1922) -dos años después de concluida la revolución mexicana-, en donde señala las etapas que habría tenido el desencadenamiento de los estudios biológicos del país. Se asegura en dicho documento que fue la Sociedad Mexicana de Historia Natural inaugurada por intelectuales entre los que estaba su padre, la que formalizaría las ideas sobre este rubro en el país. Herrera hijo y su grupo serían los continuadores de la misión de aquellos primeros naturalistas avocados a esos menesteres ya oficializados en el periodo porfirista. Alfonso Luis Herrera ocuparía un destacado lugar en el rubro de las Ciencias Naturales en el último periodo de la dictadura.

En su folleto del veintidós, continúa comentando todos los alcances de su administración al frente de la Dirección de Estudios Biológicos y los tremendos avatares por los que se pasó hasta obtener los logros antes mencionados sobre la fundación de establecimientos avocados en investigaciones sobre: zoología, botánica, herbolaria medicinal, medicina tropical, y problemas relacionados con los parásitos nocivos en la agricultura, además de auxilios durante las epidemias. Adicionalmente a él se deben la construcción del zoológico de Chapultepec, el jardín botánico en el mismo lugar, además de un magnífico museo de Historia Natural.

Al mismo tiempo señala que será en su administración y bajo sus diligencias, que se efectuará la presión necesaria para que se dieran los dineros avocados ex profeso para la formación de especialistas en Historia Natural, para ya no depender más de la improvisación en tales asuntos como sucedió en el pasado. Su centro coordinador y punto neurálgico de las Ciencias Naturales estuvo estrechamente ligado a la Facultad de Altos Estudios de la Universidad, lo que permitió con el tiempo la formación de especialistas avocados a la investigación biológica (Herrera, 1922).

Dedica en su informe una justificación al planteamiento de su teoría del origen de la vida conocida como plasmogénesis, haciendo un breve análisis comparativo respecto a otras teorías semejantes, refiriendo que fue citada y aceptada incluso por especialistas europeos,[3] señala que su enseñanza, así como los temas de evolución fueron prohibidos por el aparato oficial debido a presiones de sociedades moralizantes de corte eclesiástico.

## 2.3. Isaac Ochoterena entra en acción

A pesar de su informe, paulatinamente entre 1924 y 1929, Herrera será sustituido por el que fuera uno de sus subalternos. Isaac Ochoterena (1885-1950), quien trabajaba en el mismo centro de investigación y conspiraría contra el propio Herrera para poder agenciarse todo el organigrama construido por éste (Argueta y cols, 2003, Beltrán, 1977, Gaxiola Cortés, 1986). Hay quien cree que eso tuvo consecuencias negativas a la larga (Piñero, 1996).

En algún momento sucedió que los actores de la iniciativa privada que permitían la entrada de recursos para los

---

[3] Es sabido que Sidney W. Fox y el mismo Oparin lo propusieron como uno de los primeros hombres que mantuvieron una teoría del origen de la vida con experimentos de gran nivel científico. Ver:
Aullet Bribiesca, G. (2012). Trascendencia del pensamiento y la obra de Alfonso L. Herrera. Historia Mexicana, 59 (4): 1525-1583.

establecimientos erigidos por Herrera, dejaron de interaccionar con el poder político, siendo así que Herrera comenzó a tener serios problemas económicos ante el nuevo contexto que se veía venir, en donde, entre otras cosas, ahora sería el estado quien tendría el control de los gastos en educación. Esto permitió a sus enemigos -ya subidos al nuevo gobierno que se decía revolucionario- arrebatarle todo lo que había materializado con ingentes esfuerzos y en buena lid. Ello permitió que la principal escuela moderna de Biología en el país surgiera a partir de una revancha política luego de ocurrida la revolución. Es así que Herrera sería una de aquellas personalidades que no serían bien vistas durante la de-construcción de los resabios porfiristas. Según parece, y después de un agrio encuentro en 1918, Herrera llega a una resolución definitiva con el inestable Ochoterena; luego, sabiendo éste que hay nuevas condiciones del poder político que son contrarias a Herrera, sale del centro de investigación para conspirar y construir su entramado de poder (Ledesma-Mateos, 2000). Beltrán (1977) y Ledesma Mateos (2000), han narrado la crónica de lo sucedido, donde es posible observar cómo se le va propiciando a Herrera un terrible desgaste psicológico, anunciándose con un golpe tras otro el final de su carrera. Al mismo tiempo, Isaac Ochoterena, el conspirador y beneficiario de todo ello, va adquiriendo enorme dominio. Podemos presentar la cronología de los hechos que arruinaron a Herrera:

1.- En 1921, a Ochoterena se le da la jefatura de Biología en la Escuela Nacional Preparatoria dependiente de la universidad. Es posible que Ochoterena fuera iniciando sus gestiones en contra de Herrera aprovechando que éste tenía múltiples enemigos.

2.- A partir de 1924 se fue reduciendo drásticamente el presupuesto a la Facultad de Altos Estudios (Beltrán, 1977).

3.- En 1925 se cambia el nombre de esta facultad por el de Facultad de Filosofía y Letras donde se abre una sección de Ciencias Naturales cuya jefatura de Zoología sería ocupada por Isaac Ochoterena, ello propició el despido tanto de Herrera como de Enrique Beltrán, primer biólogo de México. Se alegó sobre la posición ideológica de Herrera haciéndolo ver como un componente peligroso del porfirismo (Beltrán, 1977).

4.- Herrera y Beltrán continuarían trabajando en la Dirección de Estudios Biológicos que también dependía de la entonces Universidad Nacional, pero ocurre que a partir de 1927, también se le van quitando recursos, lo que propició que la dependencia cayera en agobio económico. Las autoridades universitarias le piden cuentas a Herrera mencionándole que el Museo de Historia Natural, ligado a esa dependencia, igualmente se encontraba en una desorganización y decadencia lamentable sin referir que se propició intencionalmente la falta de recursos. Finalmente, ya con las pruebas acusatorias, el consejo universitario, en una de las conspiraciones más terribles de la universidad, decide despedir a Herrera a pesar del informe de éste alegando falta de recursos. El tribunal de aquel consejo estuvo formado por sus enemigos históricos, siendo así que, no obstante sus esfuerzos por levantar establecimientos, y no obstante su respetable edad, sólo se hizo merecedor de un trato brutal e injusto como fruto de sus desvelos.[4] Se sabe que hubo una serie de protestas internacionales debido a este modo de actuar de las autoridades (Beltrán 1968, 1977).

5.- Dentro de la cronología de estos hechos, también se hizo notar el falso lamarckismo de Ochoterena, cuando como primera acción al ser el director del Museo de Historia Natural refundado por Herrera, hizo quitar el busto de Lamarck (Beltrán, 1945b). Otra acción que dice mucho de su personalidad fue cuando arribó al Museo el esqueleto fósil de un *Diplodocus* que con tantos esfuerzos había adquirido Herrera a través de diligencias con paleontólogos norteamericanos, fue armado y colocado durante la dirección de Ochoterena dándosele a éste todos los créditos (Beltrán, 1977).

---

[4] Según Beltrán (1968), Ochoterena alegará ante el consejo académico de la universidad un estado de locura por parte de Herrera. Beltrán admite que Herrera era algo excéntrico pero jamás un hombre con trastornos mentales como así lo hizo ver Ochoterena.

6.- Se crea en 1929, la autonomía dentro de la Universidad de México pasando a ser la flamante UNAM. Eso permite mayor infiltración de Ochoterena en la máxima casa de estudios. Beltrán señala que, no obstante la autonomía, se mantienen profesores porfirianos de cuño retardatario (Beltrán, 1977). Bremauntz (1934), como Beltrán, ha mencionado que la autonomía universitaria no se había hecho con otros fines que evitar que tuviera una verdadera orientación social alegando la libertad de cátedra,[5] además de que en la universidad se mantenían "los directores intelectuales de todos los grupos enemigos del país." (Bremauntz, 1934, p.404).

7.- Para 1930, Ochoterena ocupa la Jefatura de la Dirección de Estudios Biológicos, el secretario de educación pública, Vicente Lombardo Toledano, le brinda recursos gubernamentales para que inicie de manera decorosa la administración de su institución a la cual se le cambiará de nombre por el de Instituto de Biología de la UNAM.

8.- Poco después (1936), Ochoterena ocupa la presidencia de la Dirección Nacional de la Educación Superior y la Investigación Científica de la Secretaría de Educación Pública (SEP). Según Beltrán (1977), toma medidas que delatan sus falsas posiciones políticas y académicas, pues en una de tantas, no permitió durante su gestión que se realizara investigación científica ni que se obtuvieran post-grados en la recién creada Escuela Nacional de Ciencias Biológicas del naciente Instituto Politécnico Nacional (ENCB; IPN). Fue incongruente Ochoterena, pues la ENCB del IPN, se suponía que tendría como vocación el permitir que las clases populares y obreras accedieran a la educación superior, algo que

---

[5] Ya decía Bremauntz (1934): "Creada como Real y Pontificia Universidad de México, ha sido el principal centro de cultura del país, desde la colonia; pero ha tenido la desgracia de aferrarse a su tradición conservadora, siendo ello consecuencia, entre otros motivos, de que una mayoría de alumnos y maestros han pertenecido a las clases acomodadas, las que en todo tiempo han defendido el control de la Universidad a toda la república." (Bremauntz, 1934, p. 403).

no sucedía en la UNAM en donde la educación seguía siendo sumamente elitista.

9.- Se le nombra a Ochoterena, jefe del Departamento de Biología de la Facultad de Ciencias en 1939, donde se había creado la carrera de Biología. Con todas estas acciones aquí enumeradas, si bien se queda con el organigrama construido por Herrera, lo cierto es que la UNAM pierde durante su administración el zoológico, el jardín botánico y el acuario situados en Chapultepec, pues estos son cedidos al Departamento del Distrito Federal (Aullet Bribiesca, 2012; Ledesma-Mateos, 2000; Cuevas-Cardona y Mateos, 2006).

Fue así que, luego de un cúmulo de estropicios y de treinta años de poder conspirador (1919-1946), Ochoterena fue finalmente despedido de su cargo bajo las mismas tácticas que empleó contra Herrera. Cabe preguntarse cómo es posible que el psiquismo de una persona que se dice autoridad haga valer y fijar sus posiciones en un amplio ámbito de acción. ¿Qué medios se necesitan para alinear a las demás personas cuando no se tiene el examen minucioso e inobjetable de los hechos? En los hechos, Alfonso L. Herrera publicaba sus trabajos no sólo en revistas nacionales sino incluso extranjeras de muy alto nivel, ya fueran norteamericanas, francesas o inglesas. Por el contrario, Ochoterena publicó principalmente en las revistas que él dirigía, y en otras nacionales, por cierto, dominaba las publicaciones nacionales para el ramo biológico. Para todo ello, sin duda, se necesita el poder y algo más para hacer que denuncias o rumores de índole subjetiva puedan hacerse pasar como verdad lógica y hasta con carácter de razón. La usurpación en muchos casos tiene sus orígenes en historias similares.

Ochoterena imparte cursos relativos a la materia de Biología en la Escuela Nacional Preparatoria, fue por ello que escribió en 1922 su libro: "Manuales y tratados: lecciones de Biología". El libro será reeditado a partir de 1942 y reimpreso hasta entrados los sesenta. Para su texto de 1922, Ochoterena de alguna forma se ciñe al plan programático del libro *Nociones de Biología* escrito por Herrera en 1904. En ambos casos se observa una gran diferencia respecto a los libros extranjeros de Historia Natural que se usaban durante el porfiriato. El plan del libro de Ochoterena, se estructura secuencialmente iniciando con la descripción anatómica y funcional de la célula, para luego seguir con el siguiente orden temático: reproducción celular, herencia y evolucionismo. Herrera (1904) había seguido previamente un patrón similar, solo que a diferencia de Ochoterena, inicia con un largo paréntesis para explicar los procesos químicos de la vida y su interrelación con los fenómenos terrestres, dando incluso una larga explicación sobre la cuestión del origen de la vida y los posibles modelos prebióticos que incluso ya se generaban antes del advenimiento de la explicación de Oparin.

Para su obra del veintidós reeditada en el cuarenta y dos y reimpresa hasta los sesenta, Ochoterena no se adscribirá al ideario de Weismann. Da por válidas tanto la herencia citoplasmática como la cromosómica, considerará que ambas son complementarias. Tampoco se adscribe a la barrera weismaniana; al igual que Herrera considera que el ideario de Darwin es más completo que el de Lamarck pero aún insuficiente (Ochoterena, 1942).

Ledesma-Mateos y Echeverría (1999) y Gaxiola Cortés (1986), sugieren que, a partir de la toma del nuevo mando en lo relacionado a instituciones biológicas del país, habrá poca y ambigua información sobre cualquier investigación evolutiva, así se observa en el informe de Ochoterena, como jefe de la nueva institución conocida como el "Instituto de Biología" cuyo edificio estaba ubicado en Chapultepec. Ochoterena, ya sin zozobra política y económica alguna, generará cómodamente un primer informe sobre su gestión al mando del Instituto de Biología entre 1929 y 1935 (Ochoterena, 1935). El informe guarda en algunos puntos, un estrecho parecido con aquel que desarrollara Herrera en 1922, se diferencia de Herrera en que se observa una atención mayor a los estudios sobre histología y citología tanto en materia botánica como zoológica, además de los aspectos clínicos, lo que creará rutas más avocadas a la investigación experimental biomédica de la que han salido distinguidos investigadores internacionales. No realiza investigaciones sobre evolución, considerando tal vez como más importantes las cuestiones relativas a los problemas nacionales. Por cierto, son las mismas que consideró Herrera quien legítimamente estaba preocupado por la cuestión social.

Debido al carácter pragmático de Ochoterena para las cuestiones evolutivas y a las piruetas que hizo durante sus cambiantes posiciones académicas, hay información contradictoria. Así, tenemos que según las investigaciones de Noguera y cols. (2010), Ochoterena habrá mostrado un tipo de lamarckismo hasta el final, mientras que Ledesma-Mateos y Echeverría (1999) ya se habían referido contrariamente en torno a esa opinión, mencionando que Ochoterena en los hechos, abandonó esa adscripción. Argueta y cols. (2003), indican que Ochoterena siempre fue confuso en su visión evolutiva. Refieren que, además, descuidó ideas emergentes importantes como la teoría sintética y restó importancia a los trabajos de Morgan. A final de cuentas, lo cierto es que Ochoterena mantuvo un impreciso ideario evolutivo que, a nuestro parecer, era una mezcla de doctrina marxista, de facción darwiniana, aderezada con retoques Lysenkoistas, es decir, mantenía una visión de la evolución biológica vinculada con lo político bastante confusa. Enrique Beltrán ha dicho bien al considerar que asumió posiciones oscilantes en este sentido (Beltrán, 1977).

Ochoterena escribió algunos escritos sobre evolución para el Boletín de Estudios Biológicos, que era la revista oficial de aquella institución en que trabajaba con Herrera, más no dio seguimiento a todo ello luego de que fuera investido con varios cargos importantes.[6] Pero veamos lo que nos dice Ochoterena en un

---

[6] En la 8ª edición de su Tratado Elemental de Biología (1946), Ochoterena sí le da un amplio margen a la evolución incrementando las páginas respecto a las "Lecciones de Biología" de 1922. En dicho libro ha dedicado la clase de referencias que todavía se pudieron ver en los libros más actuales de Biología. Para ello se hizo entrega de dichos temas en los capítulos que van del XVII al XXII citando en diversas ocasiones a Darwin favoreciéndolo. Si bien enaltece la obra de Lamarck en unas cuantas páginas del capítulo XXII, de Darwin mencionará lo siguiente en el mismo capítulo: "Uno de los más sabios y profundos pensadores que

apartado, y en donde tan sólo podemos agregar que, si esto hubiese llegado a oídos de Lysenko, nos costaría trabajo saber si le hubiera complacido.[7] Ochoterena señaló lo siguiente en aquella ocasión:

> *Si la concepción general de un proceso de desenvolvimiento irreversible y ascendente de una evolución de la vida desde sus principios en la época Cambriana hasta la presente, nos parece sólidamente establecida, no así el mecanismo evolutivo que está aún por dilucidarse y que ni el medio tiene ilimitada acción sobre los seres, ni todas las modificaciones que origina son hereditarias, como suponía Lamarck; ni la lucha por la existencia y la selección natural invocadas por Darwin; ni menos aún las variaciones por saltación precisadas por Hugo de Vries, bastan para explicar de una manera cumplida todos y cada uno de los múltiples aspectos de este trascendente problema que espera, de la actividad e incesante estudio de los biólogos, los datos necesarios para mejorar su mejor comprensión y esclarecimiento* (Ochoterena, 1931, p. 471).

En realidad, en cierto modo, el texto no está exento de razón, ninguna teoría evolutiva satisface las explicaciones sobre el desarrollo histórico de los seres vivos, pero tal parece que lo que se cuestiona aquí es, si en verdad valía la pena estudiar algo que

---

ha tenido la humanidad, Carlos Roberto Darwin, vino con su admirable libro, *El Origen de las Especies*, a dar el más vigoroso impulso a la teoría evolucionista", (Ochoterena, I. (1946). Tratado Elemental de Biología. 8ª ed. México. Tomado de Ochoterena, I. (1946 [2000]). Obras completas. El Colegio Nacional, México.
[7] Es sabido que era amigo de Nicolai Vavilov, el enemigo de Lysenko, lo que hace prever su poca atención real a los dichos lysenkoistas, por ejemplo, Lysenko había comentado lo siguiente:
"Así pues, los mendelistas-morganistas han arrojado por la borda la tesis de la posibilidad de la herencia de las variaciones adquiridas, una de las mayores conquistas en la historia de la Biología, cuya base fue asentada por Lamarck y que Darwin asimiló orgánicamente en su teoría". (Lysenko, 1949, p. 24).

ofrecía dificultades infranqueables, y que, por tanto, sería mejor dejar un problema de tal magnitud a otros biólogos. Ciertamente, tal forma de pensar la desarrolló en los hechos, pues se dedicó a otros rubros de investigación que no tenían que ver con la transmutación de las especies. Pero, en todo caso, ¿por qué culpar a Ochoterena? a finales del siglo diecinueve y hasta el primer tercio del siglo veinte el panorama internacional tampoco era límpido y claro, más bien era sumamente ambiguo en sus descripciones sobre evolución. Sería completamente falso decir que tanto en Estados Unidos como en Europa se había olvidado a Lamarck, muy por el contrario, algunos libros y artículos de la época, sugieren que se le veía como complementario y hasta sustituto de las ideas de Darwin (Johnstone, 1932; Rinard, 2008; Slavet, 2008). El mismo Darwin flirteó varias veces con la herencia de los caracteres adquiridos, y como ya lo ha expresado recientemente Richard C. Lewontin, aquello fue *"una idea lógicamente fatal para toda su empresa"* (Lewontin, 2001).

Adicionalmente, Argueta y cols. (2003) denuncian que en sus conferencias en el Colegio Nacional, logia de la que fue fundador, dedicó un amplio pero impreciso tributo al Lysenkoismo, cuya influencia, según dice la información anti-Lysenko, fue funesta para la historia de la Biología, debido no sólo a su falta de sustentación, sino al acoso y persecución que hizo a otros biólogos soviéticos. Sin cuestionar lo oscuro que fue el cientifismo autoritario de Lysenko,[8] también es cierto que el dr. Argueta y cols., tampoco nos dicen nada acerca de las feroces políticas de los morganistas norteamericanos para imponer su criterio neodarwiniano, según nos ha referido el dr. Sapp (Sapp, 1987). Por otro lado, el dr. Gershenowhitz, ha dado cuenta de la forma en que uno de los defensores de la Teoría Sintética de la evolución, George G. Simpson, se dedicó a perseguir y cazar cualquier viso

---

[8] Lysenko consideraba a la obra de Darwin como un gran avance científico a la que asimilo la herencia de los caracteres adquiridos. Se quejaba principalmente de cómo se articularon el mendelismo y el morganismo al ideario darwiniano. Ciertamente también se refirió a que no le parecían bien los dichos maltusianos que Darwin acondicionó a su trabajo (Lysenko, 1949).

que pareciera ser lamarckiano, tumbando toda evidencia sin la menor consideración (Gershenowhitz, 1978).

Pero si en su pensamiento científico evolutivo, Ochoterena no fue preciso y organizado, tampoco lo fue en lo administrativo. Se sabe que, si bien al inicio de su mandato en el Instituto de Biología de la UNAM este funcionó decorosamente con el presupuesto que recibió, pasando el tiempo llevaría al extremo aquella consigna de *divide y vencerás* haciendo uso de prácticas retardatarias y autoritarias. Su larga permanencia en el poder fue señalada de dictatorial, según nos dice Beltrán (1977), pues presentaba *"un cerrado espíritu de grupo que repercutió desfavorablemente en el desarrollo de las ciencias biológicas mexicanas, y fue incubando dentro del propio establecimiento facciones antagónicas cuyos enfrentamientos, que el mismo director propiciaba para mantener un control, hicieron crisis en 1946 originando la salida del profesor Ochoterena"* (Betrán, 1977, p.59).

De acuerdo con Beltrán, varios investigadores se habían quejado de los extraños métodos persuasivos del director del Instituto de Biología, denunciándose que el propio director escondía el instrumental de aquellos investigadores que habían caído de su gracia, o les negaba el acceso a otras dependencias dentro del propio establecimiento, o incluso, no permitía que se publicaran sus trabajos (Beltrán, 1977).[9] Beltrán comenta que el rector de la UNAM en cierto momento, a mediados de los cuarenta, llevó a cabo una objetiva investigación, observando que el desenvolvimiento del director era de un psiquismo neurótico preocupante, que inclusive cuando se le increpó respecto a su conducta, asumió una posición desafiante aludiendo a sus grandes influencias en las altas esferas del poder. Se adoptó por ello una solución de desgaste de una manera similar a aquella que se le propiciara a don Alfonso L. Herrera. Fue así que, primeramente, se le designó investigador emérito, además de nombrarlo doctor Honoris Causa por la UNAM, luego de ocurrido ello, muy probablemente por orden del rector, o de algún poder más

---

[9] Estas formas de proceder se mantienen en varios establecimientos de educación superior del país, incluyendo a la UNAM.

elevado, se le fueron propiciando obstáculos para que no pudiera realizar con eficiencia su trabajo, hasta que finalmente cede y queda separado de su cargo en 1946 pues el rector le pide su renuncia, cosa a la que accedió ya sin chistar (Beltrán, 1977).

Isaac Ochoterena muere en 1950, y como hemos señalado, su libro para las preparatorias de la UNAM seguirá imprimiéndose hasta los sesenta. Es enterrado en la rotonda de los hombres ilustres, que es un anexo de un conocido panteón mexicano dedicado a personas de grandes méritos. Algo que es preciso acotar brevemente para redondear el perfil de don Isaac Ochoterena es que igualmente se mantuvo poco interesado en los antecedentes que hicieron surgir la ciencia de la Biología en su país; no mostró interés por la expedición botánica del siglo XVIII, ni por los antecedentes que dieron paso al Instituto de Biología, que sin duda eran los de la Sociedad Mexicana de Historia Natural. Esto último, acaso, sería visto por él como un posible inconveniente para cuando se diera el juicio de la historia.

Es verdad que Ochoterena fue ambiguo en su ideario evolutivo, pero al fin y al cabo fue el jefe de una Biología que no despreciaba a Lamarck, luego entonces ¿por qué lo hacemos responsable de que se haya asentado en México el darwinismo más acendrado de entre los biólogos latinoamericanos hasta la actualidad? Bueno, fue precisamente por ese vacío que dejó, el que permitió que fuera llenado por personajes más preocupados por seguir las modas de los poderosos países anglosajones en un terreno poco investigado en México, eso siempre ha redituado. No obstante, podemos decir que sí hubo moderadas disidencias y mejor preparadas que la del dr. Ochoterena. Está el caso precisamente de Enrique Beltrán cuya escuela fue forjada en base a un espíritu crítico y nunca faccioso. El no haber pertenecido a algún lobby evitó que tuviera las redes de influencia que le habrían permitido llegar a un auditorio mayor para el caso de sus primeros libros. Aun así, Beltrán, ya con más credenciales académicas, intentó persuadir y luego convencer a la juventud mexicana respecto a aquellas propuestas de Lamarck que eran perfectamente válidas sin chocar con Darwin. Por supuesto, corresponde su periodo de influencia a una etapa posterior a la de Herrera y Ochoterena.

## 2.4. Inicio de la Biología moderna en el México post-revolucionario en su segunda etapa narrado en pocas palabras

Los mandatos post-revolucionarios crearán y consolidarán los más importantes centros educativos del país, como La Secretaría de Educación Pública (SEP), centro medular de toda la política educativa del país, el Instituto Politécnico Nacional (IPN), la Universidad Nacional Autónoma de México, (UNAM) y la Escuela Normal Superior de Maestros (ENSM). En todos ellos la Biología adquirió una presencia fundamental, y serán los centros educativos en donde se desenvolverá el dr. Enrique Beltrán. Fue así que, en cierto periodo que se traslapa con el reinado de Ochoterena (1933-1974), Enrique Beltrán será otro gran protagonista de los inicios de la Biología en el México post-revolucionario. Fue discípulo de Herrera y es considerado como el primer biólogo de México. Su comprensión de los problemas biológicos tuvo relación con su adscripción política, y aunque se suma al marxismo desde su juventud siendo inclusive miembro del partido comunista de México (PCM), siempre trató de distinguir entre el seguimiento crítico de una doctrina social como era la del marxismo, respecto al progreso en el conocimiento. Se sabe bien que fue expulsado del partido por el hecho de haber aceptado la beca Guggenheim para hacer su doctorado en los Estados Unidos. Beltrán regresa a México en 1933 no sólo con su grado científico, sino con toda la experiencia de haber sido actor y protagonista de hechos clave principalmente desde el primer tercio del México post-revolucionario. Reflexiona y toma nota de los vicios que no habían permitido progresar a México, los sesgos de carácter social mantenidos durante tantos siglos, siendo testigo y víctima de los actos autoritarios. Ya como funcionario encara sus tomas de decisión con un espíritu de diálogo y nunca de confrontación, podríamos decir que persuade primero para luego convencer, como podremos ver en sus textos de secundaria. Así se le percibe cuando en una muy importante junta en la UNESCO, diserta del carácter autoritario del fisiólogo argentino y premio Nobel, Bernardo Houssay (1887- 1971):

*En 1960 en una reunión de la UNESCO para plantear las políticas de Investigación en Latinoamérica, Houssay propuso métodos autoritarios para reglamentar una rigidez castrense para encuadrar las posiciones y regular los ascensos. Me pronuncié en contra, manifestando mi convicción de que tanta rigidez, esterilizaría la investigación y discusión que el sistema hacía pensar de los agregados, asistentes, ayudantes e investigadores, fragmentados en muchos grados, como pensamos que comenzaran siendo "soldados de investigación", y que luego de recorrer todos los grados de la escala militar llagaran a "generales de investigación" perfectamente disciplinados. Extrañándome que ciudadanos de dos países que sabían lo que eran las dictaduras militares fueran quienes lo proponían* (Beltrán, 1977, p.469).

Con ese espíritu democrático, Enrique Beltrán junto a sabios biólogos españoles exiliados, se presenta ante la juventud mexicana con sus libros de texto de secundaria editados desde el cuarenta y dos hasta los sesenta, en los que queda plasmada una descripción consensuada de la cuestión de la evolución biológica. Jamás utiliza en sus textos sin una justificación previa, ese lenguaje metafórico anglosajón que hoy en día inunda los libros de texto nacionales. Citemos ejemplos: *el hecho de la selección natural, el dogma de la Biología Molecular, la lucha por la existencia, selección estabilizadora, presión de selección, éxito reproductivo, etc...* En los años sesenta era ya muy difícil adoptar la postura lamarckiana, no obstante, Beltrán sin contradecirse en algo que siempre mantuvo en alto, hace uso de la necesaria reflexión que se debe tener hacia lo hecho por el llamado Linneo francés antes de pasar a la interpretación darwiniana; siendo así un admirador crítico de Darwin.

Para Carlos Darwin fue muy fácil hablar en metáforas de las que está lleno su libro (Al-Zahrani, 1999; Cervantes y Pérez Galicia, 2015). En Latinoamérica y en particular en el México del porfiriato, las metáforas anglosajonas darwinianas quedaban *ad hoc* para justificar las políticas sociales y la extracción de los recursos naturales por parte de compañías extranjeras. Por eso, José Vasconcelos (1882-1959), siendo el primer secretario de educación pública en el periodo post-revolucionario, refirió que las teorías extrañas como la darwiniana, se introducen con fines de dominio y beneficio para el país que la invoca y defiende, con lo cual se refería sobre todo al darwinismo social, tal vez sin darse cuenta de que el darwinismo es social en su base y en su esencia (Vasconcelos, 1925). Por ello, en la etapa post-revolucionaria, y con la anuencia de Ochoterena avanzó la enseñanza del darwinismo.

Previamente, en la enseñanza sobre Historia Natural en tiempos del porfiriato, se utilizaban libros como las traducciones del francés J. Langlebert, (Huerta Jaramillo, 2003, de Dios Bojorquez, 1963), quien interpretando a Darwin propone frases como la siguiente sobre la cuestión de la evolución (hacemos uso de la reimpresión de 1920):

> *En la lucha por la vida, al sacrificar la naturaleza los seres más débiles para que sobrevivan los más fuertes, los mejor organizados para subsistir, realiza, por lo tanto, ella también una especie de selección, por cuyo medio, según Darwin, continúa su obra de perfeccionamiento indefinido.* (Langlebert, 1920, p.222).

Para Langlebert, en los rasgos fenotípicos es posible deducir la perfección de una raza:

> *La raza blanca, a la cual pertenecemos, se llama indoeuropea ó caucásica...Distínguese por la forma regular oval de la cabeza...la nariz es generalmente recta, la boca proporcionada, la piel blanca o algo morena...La raza caucásica es también notable por su gran inteligencia: a ella pertenecen los pueblos que han alcanzado el mayor grado de civilización* (Langlebert, 1920, pp. 586-587).

Y en cuanto al origen del hombre señala:

*En cuanto al Hombre, cuyo genio ha podido escudriñar y comprender estas leyes primordiales, es tal el abismo que le separa de los animales más perfeccionados, de los monos por ejemplo, que al llegar a este punto toda la idea de transición desaparece. Debemos atenernos a la definición bíblica: Dios creó al Hombre a su imagen* (Langlebert, 1920, p. 591).

En el libro de Langlebert, del que se hicieron en Francia más de sesenta ediciones, es ya muy desdeñado Lamarck a pesar de que el autor del libro es francés. Sorprende entonces que Alfonso Herrera haya escrito su libro sobre Biología con un énfasis materialista en 1904. Libro que, por cierto, fue censurado.

En los gobiernos del México postrevolucionario, no podrá proseguir ningún tipo de intromisión religiosa en los libros de texto de nivel básico o medio en ninguna materia, dado que de ahora en adelante la educación será laica, gratuita y monitoreada por el estado que entonces se decía de izquierda. Es así que entre 1942 y 1960, Beltrán y sus pares españoles desarrollan sus libros de texto de nivel secundaria de Biología con un giro total, pues es digno de notar la forma en que introducen y persuaden con nuevos aires a sus lectores sobre la teoría evolutiva, y decimos persuaden porque nadie tiene por el momento el descubrimiento clave que nos diga como ocurre con hechos objetivos algo que por mucho tiempo será todavía indemostrable fuera de la teoría. Se dedican a explicar, pero como para inducir al lector el desarrollo de sus propias conclusiones. Indican con cuidado cómo es que se fue construyendo la teoría evolutiva hasta llegar a la de mayor consenso que por el momento era la de Darwin de la cual refieren que, igualmente, tenía ya diversas fracturas. Inicia históricamente con la propuesta de Lamarck, citemos algunos ejemplos:

*Fue Juan B. Monet de Lamarck quien en 1809, en su Filosofía Zoológica, expuso por primera vez en forma clara la teoría del transformismo, la apoyó con frecuentes ejemplos y la explicó con razones de carácter científico. Cuando Lamarck afirmó que del conflicto entre los organismos y las circunstancias de su vida, resultaba la transformación sucesiva de los seres, emitió una hipótesis verdaderamente* científica y preparó un método de trabajo, lo mismo para la indagación que para la interpretación de los fenómenos biológicos (Beltrán y cols., 1960, p. 280).

Beltrán y colaboradores no restringen la participación de Lamarck únicamente al concepto de herencia de los caracteres adquiridos, sino que citan propuestas lamarckianas que son por demás revolucionarias. La siguiente cita re-interpreta la tesis aristotélica de la relación entre el organismo y su modo de vida abriendo la puerta a la herencia de los caracteres adquiridos (Marcos, 2007, p.9):

*Según sus ideas sobre las causas de la variación de las especies, no son los órganos, es decir, la naturaleza y la forma de las partes del cuerpo de un animal, los que determinan sus costumbres y facultades particulares. Por el contrario, son sus costumbres y su manera de vivir y las circunstancias que han rodeado a sus antepasados las que con el tiempo originan las formas de su cuerpo, el tipo y estructura de sus órganos y las funciones respectivas* (Beltrán y cols., 1960, p. 282).

Y complementan con la siguiente cita la explicación lamarckiana para el origen de las variaciones, un referente del que aún no se tiene toda la explicación por más que eso se haya creído en algún momento. Por ello, Beltrán y cols., son cautos al mencionar lo siguiente:

*La hipótesis de la herencia de los caracteres adquiridos, que es la parte vital del lamarckismo, gozó en una época de gran crédito y popularidad, pero como múltiples observaciones y experiencias realizadas han demostrado lo dudoso de tal hipótesis, las investigaciones actuales tienden más bien a descubrir qué clase de variaciones son las hereditarias y cuál es el mecanismo de su transmisión* (Beltrán y cols., 1960, p. 284).

La redacción de Beltrán y cols. no es, por mucho, concluyente. En otras palabras, por aquel tiempo, la herencia de los caracteres adquiridos era una hipótesis dudosa con la experimentación hasta entonces realizada, más sin embargo, tampoco se había demostrado la imposibilidad de su ocurrencia. Cuando se dice aquello de que los científicos *tienden a descubrir cuál puede ser el mecanismo de la transmisión*, se refieren a que, a lo mucho, los investigadores estudiarán las variaciones que se heredan dentro de los individuos de una misma especie, pero no en lo referente al cambio evolutivo.

Citan de manera puntual otras propuestas del invertebrista de validez irreprochable:

> *Por otra parte, algunas de las ideas sustentadas por Lamarck, como las referentes a que los órganos rudimentarios revelan su posible procedencia de antepasados que los tuviesen bien desarrollados, que la sucesión orgánica se produce de lo simple a lo complejo, y que las series orgánicas no forman líneas continuas, sino que adoptan una disposición arborescente, son conceptos aceptados hoy de un modo general por los hombres de ciencia* (Beltrán y cols., 1960, p. 284).

Más adelante, se refieren a la teoría de Darwin depurándola y ensalzándola como ya se acostumbraba tautológicamente desde los tiempos de Herrera y Ochoterena. Se menciona lo siguiente:

> *La aparición de la obra "El Origen de las Especies por la Selección Natural, marcó un gran avance en las ciencias biológicas, su forma de presentación sencilla y la solidez de los razonamientos causaron gran impresión entre los hombres de ciencia* (Beltrán y cols., 1960, p. 285).

En ese tenor, aclaran lo siguiente tratando de suavizar el efecto de lo referido a la lucha por la existencia, atenuando la crudeza de semejante redacción, al mencionar que no tiene carácter de exterminio. Beltrán y cols., nos dicen al respecto:

> *La lucha por la existencia no debe considerarse en muchos casos como combate en que unos seres matan y devoran a*

otros, sino más bien como competencia entre ellos por el alimento, la luz, el agua y los demás recursos vitales, y como defensa contra los ataques de los enemigos, los parásitos, las enfermedades y condiciones de vida del medio (Beltrán y cols., 1960, p. 286).

Sin embargo, más adelante, Beltrán y cols., dejan en claro que la teoría evolutiva de Darwin, igualmente será desmembrada e incluso negada por otros investigadores, y en cuanto a los mecanismos de las variaciones, de lo cual ya había evidencia importante, no infieren que deban ser insertados a su teoría:

> Estos son, en breve síntesis, los principios en que Darwin basó su teoría. Pero como los datos y las investigaciones posteriores han desechado algunas de sus interpretaciones, especialmente en lo que se refiere a la transmisión hereditaria de las variaciones individuales, los biólogos, con nuevos y mayores recursos de estudio, han propuesto otras explicaciones más acordes con el momento científico actual (Beltrán y cols., 1960, p. 286-287).

> Hubo sin embargo, otros [biólogos] para quienes las explicaciones darwinianas no fueron convincentes y, sin negar que la evolución se hubiera realizado y se siguiera efectuando en la actualidad, trataron de explicar sus causas y sus mecanismos de una manera distinta a como lo había hecho el sabio inglés (Beltrán y cols., 1960, p. 287).

> Posteriormente y basándose especialmente en los trabajos de Hugo de Vries, se ha visto que, dentro de una especie, se pueden originar variaciones bruscas, que hacen que un hijo se diferencie en algún aspecto notable de sus padres y, a su vez, sea capaz de perpetuar esas diferencias en sus hijos (Beltrán y cols., 1960, p. 287).

Más adelante, Betrán y cols. no encajarán la selección natural con lo realizado por Mendel como se hace hoy en día en los libros más insulsos de Biología. Beltrán, en un artículo dedicado al monje austriaco (Beltrán, 1965), claramente deja establecido que lo dicho por Mendel fue un asunto independiente y en su momento no vinculado a la explicación darwiniana, no obstante deja abierta la posibilidad de que Mendel y Darwin quizás se hubieran entendido, nos dice Beltrán:

> *Dobzhansky, pensando seguramente en la clara mentalidad darwiniana, y la avidez con que el sabio de Down colectaba cuanta información llegaba a sus manos que pudiera servir para afirmar sus teorías, dice que "quizá" Darwin sí hubiera comprendido a Mendel, pero que no lo leyó. Nosotros pensamos igual, y lamentamos esa falta de conocimiento de la contribución del autor agustino, puesto que ello no sólo habría dado nuevas bases al evolucionismo —como sucedió en el siglo siguiente— sino que hubiese hecho innecesario que Darwin expusiera en 1868 su malhadada teoría de la pangénesis.* (Beltran, 1965, p.46).

Y, no obstante, es casi seguro que Darwin había leído a Mendel (Galera, 2000; Galton, 2009).

El libro de texto del tercer grado le dedicará un tiempo mayor a Mendel en el curso de Biología optativa que lo que se impartía según el programa oficial vigente. Sostienen como válida la suposición de Thomas Morgan en cuanto a que los elementos determinantes de la transmisión se localizaban en elementos ultramicroscópicos denominados genes, y que –según dicha teoría- los caracteres surgen por la combinación de los genes al existir fenómenos de recombinación entre los cromosomas contenidos en los gametos. Es verdad que para la época de hoy nos parecerá insuficiente su explicación, pero hay que entender que hacia 1960 todavía faltaban las evidencias sobre los mecanismos moleculares de la herencia.

Para el caso de la evolución humana y la cuestión de la superioridad racial refieren frases más que contundentes para dejar asentada su postura:

> *Es indispensable, si queremos evitar que estos horrores vuelvan a producirse en el futuro [el ascenso del nazismo y*

de Hitler] estar convencidos de que es absolutamente falsa y sin ninguna justificación científica, la suposición de que exista alguna raza, cualquiera que sea, que pueda considerarse superior a las demás. La ciencia nos enseña la igualdad humana, como un principio que no puede negarse. Sin embargo cuando hacemos la afirmación anterior, es menester no caer en exageraciones ridículas y anticientíficas. Cuando hablamos de igualdad humana no queremos decir que todos los hombres sean iguales, pues sabemos que varían hasta el infinito, no sólo en sus características físicas sino también en sus atributos intelectuales y morales...[...]...no hay dato alguno para afirmar que una de ellas es superior a las demás (Beltrán y cols., 1960, p.335).

Termina el libro del tercer curso de Biología con una sintética biografía de Lamarck, dándole el carácter de fundador del transformismo. Tal parece que deduce como Engels, respecto a que Darwin llevará al éxito la teoría pero que el real descubridor es Lamarck:

Sus interpretaciones evolucionistas, aunque en muchos aspectos no se aceptan en la forma que las enunció Lamarck, son de tal amplitud que, sin desconocer los innegables méritos de Darwin en su magistral aportación a la evolución que logró el triunfo de esta doctrina medio siglo más tarde, le valieron al sabio francés el que con toda justicia se le aplique el justo título de "Fundador del Transformismo"..[]..Combatido y aun befado en vida, su obra no sólo persiste en sus conceptos generales sino que, aunque muchas de las explicaciones lamarckianas han sido desechadas en la actualidad, cada día se agiganta más y más como un brillante anticipación, que puso de manifiesto lo genial de la mente de su autor (Beltrán y cols., 1960, p. 338).

Pongamos atención al carácter persuasivo con el que Beltrán ha intentado que se atiendan correctamente los dichos de Lamarck y luego los de Darwin. Hay un orden de ideas por el que se hace indefectible considerar que la construcción del edificio teórico evolutivo necesariamente inicia con un carácter científico en el momento del arribo de Lamarck, y que más tarde llega El Origen de las Especies, obra no exenta de errores. Concluyen que, para ambos casos, fue necesario desechar ciertas consideraciones, pero que, también en ambos casos, sobreviven ideas fundamentales.

No se manifiesta de ninguna manera como lo hacían Ochoterena y Herrera en manejar como conclusivas las experiencias sobre la herencia de los caracteres adquiridos. No intercala los capítulos sobre variación y genética o periodos geológicos con lo expresado por Darwin. Ochoterena y Herrera hicieron lo contrario. Se expone algo que es crucial, esto es, que los mecanismos de la herencia y las variaciones de ninguna manera pudieron ser explicados por Lamarck o por Darwin. Este punto era crítico pues las pruebas moleculares sobre las variaciones moverían la balanza hacia alguna de las dos teorías, algo que ciertamente sucedió, según esto, para la causa de Darwin, pero con una estrategia muy precipitada y autoritaria por cierto. La teoría cromosómica de Morgan todavía no era conclusiva.

Vemos pues la diferencia entre los libros del porfiriato y de Ochoterena con los de Beltrán y sus colegas españoles, sin duda, más cautos que en el pasado. No obstante, cuando llegó la época de los setenta, y con el nuevo programa oficial, en la mayoría de los textos de secundaria se le dieron connotaciones al darwinismo de manera apriorística con golpes de efecto. Así, el mendelismo junto a la genética tanto clásica como moderna serán construcciones que avalan la selección natural, y todas ellas se complementan con Darwin. Los únicos precursores válidos de la explicación darwiniana habrán sido Cuvier y Geoffroy Saint Hilaire. Cuando se llega a referir la explicación lamarckiana se cita el ejemplo de las jirafas del que tanta burla hizo Alfred Wallace.

¿Pero qué es lo que sucede aquí? Lo que sucede es que aquí, en México, se han seguido los dictados de George Gaylor Simpson con sus pares y su visión por demás ficticia y de gran ignorancia hacia la obra de Lamarck acotada en cierta mitología que seguirán reverencialmente países subdesarrollados como México (Gershenowhitz, 1978). El darwinismo tautológico de México no debe citar ni nombrar a Lamarck si es posible, pero si se hace necesario se debe seguir sin reproche alguno las siguientes consignas míticas hacia el invertebrista:

☐ La teoría de Lamarck es teleológica.
☐ Lamarck creyó en un poder vital, es por tanto vitalista.
☐ Lamarck creyó que la voluntad es la que dirige los cambios en los individuos.
☐ Darwin es diametralmente opuesto a Lamarck.
☐ Darwin de manera vaga apoyó la herencia de los caracteres adquiridos.
☐ Lamarck no propuso ningún aporte válido a la Biología.
☐ Basta con citar los fraudes científicos de Paul Kammerer y T. Lysenko.
☐ En México la eugenesia racista adoptó a Lamarck.
☐ Ochoterena, quien tanto daño hizo a la ciencia en México, fue lamarckiano.

Todos estos resabios son la herencia de la guerra fría, más lo que localmente le añadan los países subdesarrollados. En ese sentido, Jean Piaget ha mencionado en su libro *Biología y Conocimiento* de 1968, lo siguiente:

*...Un famoso biólogo americano, con quien estuve intercambiando libremente algunas ideas, hasta donde fue posible, en un viaje de travesía por el atlántico, finalmente admitió por impulso propio hacerme partícipe de su convicción de que en gran medida lo dicho por Lamarck era verdad. Él dijo que, sin embargo, le era imposible anunciar públicamente semejante visión (él era un hombre joven en aquel tiempo) a causa del escándalo que esto podría ocasionar.* (Jean Piaget, Biología y Conocimiento, 1985).

Sobre las formas persuasivas para forzar a los países a que estigmaticen a Lamarck y se desdiga cualquier experimento exitoso de herencia no cromosómica, nos ha dejado sustentada constancia el dr. Sapp (1987), y muy recientemente el dr. Máximo Sandín (2011). Es sabido que la fundación Rockefeller ayudó a ello y realmente no sabemos si continúa esta práctica, aun con el descubrimiento de la epigenética.

No obstante lo visto en el libro de secundaria, Beltrán no siempre fue tan comprensivo con Darwin, pero en aquellos momentos ya era muy difícil cuestionarlo, seguramente debió existir un consenso entre Beltrán y los exiliados españoles al momento de realizar los libros de secundaria, en donde sabemos que uno de los autores, Enrique Rioja, ya había escrito uno de su autoría en España antes de venir a México. Rioja era un admirador de Lamarck y Darwin por cierto (Rioja Lo Blanco, & Cendrero Curiel, 1927).

Para 1977, Beltrán vuelve a expresar su admiración a Lamarck aun cuando él mismo ya era prácticamente un proscrito de la Biología en su país. No obstante ello, es factible pensar el asombro que al doctor Beltrán y a su mentor, don Alfonso Herrera, les causarían los resultados sobre epigenética, pues indican categóricamente, por más que se quiera negar, que el mundo vivo no funciona de manera unilateral, que los caracteres adquiridos sí se transfieren entre generaciones, que todo el darwinismo está fracturado, y que esta doctrina se está cayendo pieza por pieza, desconocemos por el momento la estrategia que se utilizará para rearmarla nuevamente como se ha hecho siempre.

Como decíamos, en 1945 Beltrán tenía un pensamiento más crítico hacia Darwin, lo podemos inferir a través de su lógica dialéctica materialista, que aunque implementada con el darwinismo, consideraba en ésta que la única aportación del llamado sabio de Down fue su "querida selección natural", la cual –dijo– sólo debe verse como complementaria pues la visión evolutiva de Darwin vista en bloque - a excepción de la selección natural con ciertas restricciones- no cumplía coherentemente con el materialismo dialéctico marxista leninista. En su libro sobre tales temas (Beltrán, 1945a) se remite a Zavadovsky, un seguidor de Lenin, quien considera que Darwin fue corregido por Marx, Engels y Lenin debido a que el libro "exitoso" de Darwin, contiene resabios burgueses. Beltrán toma el siguiente pasaje de Zavadovsky:

*A este respecto la concepción dialéctica del desenvolvimiento universal –probado por Hegel y materialmente remodelado por Marx, Engels y Lenin- cubre la teoría darwiniana de la evolución orgánica, que es la expresión concreta del proceso dialéctico aplicado a forma biológica de moción de la materia, y al mismo tiempo hace posible salvar su número de errores metodológicos y contradicciones en esos asuntos, acumulados dentro de los límites de las ciencias naturales burguesas* (Zavadovsky, tomado de Beltrán, 1945a, p.130 ).

Más no se crea que Beltrán admitió así nomás el que Darwin fuera el primer dialéctico en Biología con tan sólo marcarle los errores, pues considera que Lamarck se adhirió a esta tesis antes que Hegel, Marx o Engels. Lo podemos visualizar a partir de esta cita de su libro sobre Lamarck, en donde, según parece, están inferidas la tesis y la antítesis:

*La comparación de esos dos párrafos no puede ser más ilustrativa. En un escritor tan cuidadoso y a veces prolijamente meticuloso como es Lamarck, cuando trata de dejar bien sentadas sus ideas fundamentales hablar de "la Naturaleza o su autor, al crear", como la opinión sostenida por sus contemporáneos y decir solamente "la Naturaleza al producir", para expresar su propia y opuesta opinión, nos indica cuál era su posición filosófica.* (Beltrán, 1945b, p. 41).

Luego, para su libro sobre Lamarck (1945b), y analizando el siguiente pasaje, vemos que se hace alusión a uno de los típicos berrinches de Darwin cuando se comparaba su obra con la del invertebrista y en donde Darwin acabó diciendo que la obra de Lamarck era miserable y que no había obtenido nada útil de ella:

*Esta posición de Darwin tan contraria a su habitual generosidad para juzgar los trabajos ajenos, no puede menos que sorprendernos, sin que podamos explicarnos claramente su origen. ¿Era que Darwin, que no leía muy bien el francés, se había perdido en el oscuro estilo lamarckiano? ¿Era que, pensándolo un posible plagiario de las ideas de Erasmo Darwin salía inconscientemente a la defensa de su abuelo, al que, por otra parte, no reconoce tampoco muchos méritos como su precursor, o era que comprendía demasiado bien el genio de Lamarck y veía en él el único capaz de opacar un tanto su propia gloria? No tenemos elementos bastantes para poder decidirnos por una de estas explicaciones: tal vez ninguna corresponda a la realidad o quizás las tres se combinen para hacernos penetrar un tanto en el porqué de ese mantenido rencor de Darwin para su ilustre predecesor.* (Beltrán, 1945b, p.69).

Si bien, su libro sobre materialismo dialéctico y Biología, fue impreso en 1945, la realidad es que fue escrito entre 1935 y 1938, persuadido por su amigo el biólogo marxista Marcel Prenant y cuando ya había sido expulsado del partido comunista, se dice que su libro sobre materialismo dialéctico y Biología era de corte engelsiano, como puede suponerse.[10] Más tarde, escribe otra obra en 1945 titulada "Lamarck interprete de la naturaleza" es una obra despojada de toda ideología. En esta culmina en el último de sus capítulos con lo siguiente:

*Tratemos nosotros también de contemplar su obra en forma serena e inteligente. Hagamos el balance del tiempo, y carguemos al mismo aquellos errores que no sería justo atribuir al autor. Y de lo que quede, que será mucho, veremos surgir un cúmulo de aportaciones científicas de tal magnitud que, sobre ellas, la figura de Lamarck se elevará*

---

[10] Parece ser, que solamente existen tres libros sobre materialismo dialéctico y Biología en la historia escritos por biólogos, estos son: Marxismo y Biología de Marcel Prenant (1935), Problemas biológicos, ensayo de interpretación materialista dialéctica por E. Beltrán (1945) y *The Dialectical Biologist* de Richard Levin y Richard Lewontin (1985). Estos últimos expresan de Engels los siguiente: "A Federico Engels, quien se equivocó muchísimas veces pero estuvo en lo justo donde importó".

destacándose entre los más grandes genios de las ciencias naturales. (Beltrán, 1945b, pp. 77-79).

En su libro de materialismo dialéctico, Beltrán (1945a) ofrece diversos ejemplos de por qué es importante la interacción del citoplasma con el núcleo para los fenómenos hereditarios aludiendo a su postura dialéctica sobre dichos fenómenos. Según esto, para entender fehacientemente tales manifestaciones, el medio afectará al organismo y viceversa, además de que las evidencias indicaban la interdependencia del citoplasma con el núcleo. Señala que la barrera weismaniana no tiene validez general, pues no todos los organismos tienen compartimentos que separan a las células reproductivas de las somáticas, cita el caso de las plantas. Da otros casos como el de los protozoarios, refiere experimentos sobre estos organismos en donde se sugiere la existencia de la herencia de los caracteres adquiridos. Hoy día, hay evidencia que propone la existencia de fenómenos hereditarios en protozoarios que se adaptan al criterio lamarckista (Landman, 1991). Beltrán calificó de muy sugerentes pero poco válidos todos los experimentos llevados a cabo sobre la herencia de los caracteres adquiridos, es por ello que desaprueba a aquellos que habían dado por demostrado el fenómeno. En este sentido, y en el siguiente párrafo, critica unas desafortunadas interpretaciones basadas en falsos resultados experimentales que supuestamente apoyaban a Lamarck. Dicha cita se encuentra en un antiguo libro mexicano de Biología, Beltrán denunciará lo siguiente:

*La información científica no parece siempre correcta, como cuando admite la transmisión de los caracteres adquiridos, citando en apoyo de tal fenómeno las experiencias de Brown Secquard, amputando colas de ratón, según él con resultados positivos; y lo que es todavía más sorprendente, agregando que los criadores de animales domésticos "han seguido el mismo procedimiento..(...)...así se han logrado razas de vacas sin cuernos, la Holstein, por ejemplo* (Beltrán, 1971, pp. 66 y 67).

Dada su muy cercana relación con los primeros naturalistas mexicanos del siglo XX como Herrera y Ochoterena, se le tildó de afrancesado, que vivía en el pasado porfiriano y que todavía defendía teorías caducas como las de Lamarck (Garza-Almanza, 2013). Por supuesto que todas estas declaraciones son falsas, pero eran las denuncias de la nueva generación de biólogos que exigían su lugar al tiempo que arrojan lo que consideran caduco. Ni aun con las críticas se desentendió de Lamarck. Por ejemplo, en sus memorias de 1977, no deja de recordar la defensa que hacía del invertebrista, como por ejemplo, frente al protozoólogo inglés Clifford Dobell, de lo cual contó la siguiente anécdota sucediendo esto en la misma tierra que vio nacer a Darwin:

> Ya de pie (Clifford) me dijo que estaba leyendo –se preciaba de conocedor de idiomas- mi libro sobre Lamarck que le había remitido poco antes y que «no estaba de acuerdo con mi juicio del sabio francés que no lo merecía». Para entonces ya se había agotado mi paciencia y le contesté en forma tajante, que creía conocer mejor que él a Lamarck para juzgar su obra, pero que no me extrañaba su opinión, como egresado de Cambridge, Alma Mater de Darwin, que tan injustamente había tratado a su predecesor. (Beltrán, 1977, p 292).

En ocasiones se le ha achacado a Beltrán su alineamiento al Lysenkoismo cuando en realidad eso correspondió a los discípulos de Ochoterena con quienes Beltrán mantuvo buena relación, pero sólo eso. Por ejemplo, tenemos que un miembro de la SMHN muy cercano de Beltrán, el doctor Alfredo Barrera, hará referencia a la veta lamarckiana de Engels, no sabríamos decir si de manera oportuna. En un artículo publicado en la revista de la Sociedad Mexicana de Historia Natural dirigida por el propio doctor Beltrán, escrito en 1958 en conmemoración del centenario de la publicación de El Origen de las Especies, Barrera espetaría lo siguiente:

> ¿No habría faltado algo muy importante a Engels cuando entre 1872 y 1882 escribía las notas para su "Dialéctica de la Naturaleza"? Sí, puesto que en ellas pudo escribir que "Era significativo que casi al mismo tiempo con el ataque de Kant a la eternidad del sistema solar, lanzara C. F. Wolff en

1759 el primer ataque a la invariabilidad de las especies y proclamara la teoría transformista. Pero lo que en él sólo era una anticipación genial, tomó formas firmes en Oken, Lamarck y Baer, y fue llevado a la victoria por Darwin justamente cien años después, en 1859. (Barrera A. 1958 p.12).

Extraño párrafo en donde uno podría inferir si era necesario Darwin. Esta insinuación pudo haber sido vista como completamente insolente e innecesaria para la Biología de aquel momento, pues como es sabido, en el año de 1953 ya se había dado la noticia en la revista "Nature", sobre el revolucionario descubrimiento en relación a la estructura molecular del DNA, lo que conllevaría a los futuros premios Nobel Watson y Crick, a predecir contundentes frases en apoyo incondicional al neo-darwinismo, cosa que también fue bastante arriesgada.

Beltrán ya en 1945 en su biografía de Lamarck, habría referido como excesivas las suposiciones Lysenkoistas. Nuevamente, el mismo, aclaró la cuestión en 1965 del siguiente modo, haciendo aparecer mal a Isaac Ochoterena quien ciertamente era un Lysenkoista confundido y amigo de Vavilov (Argueta y Argueta, 2011). Nos dice Beltrán:

*En 1953, tres jóvenes intelectuales mexicanos de ideología marxista —dos biólogos y un químico— tradujeron al español el libro de Morton sobre la genética en la URSS, naturalmente favorable a la posición de Lysenko y sostenedor de la llamada "Biología michurinista"; y en el prólogo se hace notar, como uno de los méritos del entonces recién desaparecido biólogo mexicano Isaac Ochoterena, que éste comprendía y aceptaba tales conceptos. Por nuestra parte, seguimos con interés desde un principio esta polémica pues, trabajando por aquel entonces en una obra sobre Lamarck, analizábamos cuidadosa y críticamente todo aquello que pudiera referirse a la transmisión o no transmisión de los caracteres adquiridos —punto crucial del michuro-lysenkismo—. Por ello, y en vista de que en esa época (1945) no se disponía aún de suficientes datos informativos que permitieran percibir la falta de justificación teórica y de correcta comprobación experimental de la tesis de Lysenko aceptábamos que éste "...plantea una serie de problemas interesantísimos de considerar", aunque no suscribiríamos los injustificados ataques que él y sus seguidores hacían al mendelismo y, desde luego, quienes como Prezent "...pretenden negar toda importancia y fundamento científico a los trabajos magníficos llevados a cabo por los geneticistas clásicos." Cuatro lustros después, cuando los trabajos de Lysenko que pedíamos se "consideraran" lo han sido de sobra, demostrando que no tenían base alguna, no queda sino rechazarlos y seguir aceptando los "trabajos magníficos llevados a cabo por los geneticistas clásicos" a que entonces hacíamos referencia.* (Beltrán y cols., 1965, p. 61).

Este último punto dicho por Beltrán no es del todo cierto, el tiempo ha hecho ver que las suposiciones de Lysenko no estaban tan erradas después de todo, pues los experimentos sobre epigenética en plantas aparentemente se suscriben al fenómeno Lysenkoista, aunque sólo dándolo como parcialmente válido, ya se discute sobre ello (Liu y Liu, 2010), pero se coincide en general que había demasiado cientifisimo mitológico y politizante en el agrónomo ruso staliniano.

La función y utilidad de algunos referentes lamarcko-engelsianos [11] en Latinoamérica, cobra relieve cuando, según parece, los biólogos mexicanos no se ciñeron a las propuestas eugenésicas anglosajonas introducidas en el país porque sabían que en el fondo se querían hacer distingos racistas basados en una supuesta verdad biológica. Beltrán, inclusive negaba el concepto de raza humana. Dobzhansky mantendría un concepto de raza con un claro alineamiento eugenista por lo cual Beltrán mencionó que aun siendo amigo suyo, diferiría de él en más de un punto en lo relacionado a dicha cuestión (Beltrán, 1976). Según Stepan

---

[11] Mientras que Engels mantuvo en alto el pensamiento de Lamarck, Carlos Marx jamás habló del personaje más sonoro del transformismo.

(1991), la parte marxista neolamarckiana del país evitó la aplicación de la eugenesia. Aunque es verdad que Ochoterena sí condescendió con la muy oscura y racista sociedad mexicana de eugenesia para el mejoramiento de la raza, llega a proponer que para evitar la reproducción de los degenerados físicos y mentales, se esterilice a estos haciendo uso de rayos X (López-Guazo y Ruiz Gutierrez, 2000).

## 2.5. El fin de la primera etapa de la Biología en México, las nuevas escuelas, el recuento de los daños

Ochoterena muere en 1950 y aun así se mantiene por otros veinte años una continuidad en las formas de ser por parte de la primera jefatura de Biología, quedaba pues un resabio insostenible. Era necesario poner fin a ciertas formas de proceder en el pensamiento biológico mexicano, el cual, pareciera haberse anquilosado bajo el largo mandato ochoterenista y luego cuando la rectoría de la UNAM decide darle la estafeta a alguien con una postura igual de indolente. Fue por ello muy natural el que los nuevos biólogos vieran como una liberación la literatura biológica inglesa, bajo el supuesto de que es precisamente en el área occidental anglosajona en donde se habían demostrado éxitos sonoros como el descubrimiento de la estructura del ADN y del código genético, además de la comprensión de cómo se regulan los genes en procariontes. A ello venían adheridos los planteamientos darwinistas de la genética de poblaciones, contribuyendo el conjunto a la supuesta corroboración indiscutible del darwinismo. Por tanto, ahora el procedimiento oficial en la educación mexicana sería el des-lamarckizar la educación sobre Biología a todos los niveles, fue así que Lamarck sería prohibido y denostado tanto en los textos de secundaria y preparatoria como en aquellos utilizados en los estudios superiores. Nunca más se emplearía una dialéctica marxista para tratar estos temas. Fue así que en los sesenta del siglo XX, serán principalmente investigadores jóvenes de las escuelas del IPN y de la UNAM, los que finalmente harán a un lado al ilustre dr. Beltrán, último referente de una de las primeras escuelas de Biología. Esto se hará notar en aquel libro preparatoriano que llevó por título: "Biología: Unidad, Diversidad y Continuidad de los seres vivos" (Gómez-Pompa y cols., 1968), traducción al castellano de un texto en inglés en la que aparecen como adaptadores y revisores casi todos los biólogos de mayor peso, podríamos decir "la plana mayor de la Biología del país", excepto el dr. Beltrán. [12] El libro se desentenderá de Lamarck y abundará en Darwin. Uno de los coordinadores de este libro en su versión original inglesa impuesta a México, será el historiador norteamericano de la Biología, Bentley Glass, quien era antilamarckiano por cierto. En México el adaptador será el dr. Alfredo Barrera, otrora Lysenkoista. Beltrán señaló que era una lástima perder soberanía de ese modo con un libro tan poco preocupado por los problemas nacionales (Beltrán, 1971).

En los setenta Beltrán va perdiendo la influencia educativa de la que había gozado en el pasado (Gaxiola Cortés 1986; de la Paz López, 2012, Padilla Chávez, 2014), va dejando todos sus cargos oficiales e incluso deja de editar sus libros de texto en donde los nuevos programas oficiales indicaron como prohibitiva la obra de Lamarck (Beltrán, 1977; Fefer-Guevara. 2011). Su revista de la Sociedad Mexicana de Historia Natural, tendría problemas de continuidad para 1978 (Beltrán, 1986). Igualmente, para el periodo de principios de los setenta no podría ya participar directamente en sus posicionamientos en defensa de los recursos naturales, pues durante el gobierno echeverrista se definieron nuevas políticas ejidales en perjuicio de la naturaleza (Merino-Pérez, 2004).

Fue así que los nuevos biólogos mexicanos arrumbaron los libros de Beltrán en el baúl de los recuerdos, no se hablará más de él, será innecesario y obsoleta su admiración a Lamarck siendo darwiniano convencido, y su nacionalismo alineado al materialismo dialéctico engelsiano. Para los nuevos biólogos, ciertamente será chocante conservar un resabio, un ente

---

[12] Aunque no lo toman en cuenta para la revisión de la obra se le da un pequeño espacio con su foto diciendo que es un prestigioso zoólogo mexicano dedicado a la protección de los recursos naturales. Ciertamente el libro no da una sola referencia a Isaac Ochoterena, no obstante que como revisor de la obra se encuentra su hijo, el dr. Eucario López Ochoterena.

nacionalista que no los dejaba estar en forma ante la llegada del neoliberalismo (Álvarez-Buylla, 2016; Álvarez-Buylla y Martínez García, 2016). [13]

Beltrán, probablemente heredó la pugna de los ochoterenistas (Ledesma-Mateos, 2000) posible razón por la cual la UNAM actual no le ha rendido ningún homenaje desde su muerte. No obstante quienes le conocieron de cerca han referido de él que fue un hombre bueno, honesto y profundamente ético (Cifuentes, 1989, Mayagoitia, 1994).

Conforme transcurre el tiempo los recursos hacia la investigación científica se fueron haciendo cada vez más insuficientes, esta situación se agudizó en los años ochenta y nuevamente se atendieron solamente aquellos rubros de la investigación más apremiantes (Lustig y Székely, 1977, Vidal, 2002).

Pero en lo relacionado con la evolución, algunos creen que la crisis en torno a su estudio e investigación ya había entrado en un impasse preocupante desde mucho antes y no sólo en lo financiero. El dr. Daniel Piñero, en su artículo "La teoría de la evolución en la Biología mexicana: una hipótesis nula" (Piñero, 1996) da explicaciones personales sobre el anquilosamiento en cuanto al desarrollo de la Biología evolutiva en México que podemos enlistar al tiempo que las vamos comentando:

☐ Primeramente, el dr. Piñero se hace la pregunta de por qué en México nunca se ha hecho una crítica a las teorías evolutivas, por qué no se han seguido los cambios que ha

---

[13] Los nuevos biólogos mexicanos, han dado los permisos para que se desmonten los cerros, se privaticen y destruyan los manglares, e incluso se introduzca el maíz transgénico. Ver:
Álvarez-Buylla, E. (2016). La genética no es suficiente para entender la vida. Ciencia UNAM.
Álvarez-Buylla, E., Martínez García J.C. (2016). La ciencia: reserva de objetividad en disputa. Periódico, La Jornada, 7 de Mayo de 2016.

sufrido la teoría de Darwin. El dr. Piñero hace ver como en los Estados Unidos Louis Agassiz fue separado de la Universidad de Harvard por oponerse a la teoría de la evolución de Darwin. De igual modo, refiere que Lysenko no permitió la entrada de la genética en su país, exiliando a Siberia a un biólogo morganista como lo era Vavilov.

☐ Purifica a Darwin diciendo que, si bien ignoró el origen de las variaciones emitiendo hipótesis equivocadas, no obstante con la nueva genética *"su concepción original ha sido enriquecida."*[14]

☐ Señala que la genética de poblaciones, la teoría sintética de la evolución, así como la teoría de los equilibrios puntuados de Gould, construidas en distintas etapas, incluyen los cinco conceptos básicos de Darwin a saber: 1) cambio, 2) ascendencia común, 3) multiplicación de especies, 4) gradualismo, 5) selección natural.

☐ Y menciona *"Por lo tanto, la teoría darwinista, lejos de ser una teoría estática, ha ido enriqueciéndose a lo largo del último siglo. Hace ver que en México hay escasa información de frontera al respecto."* Da cuenta respecto a la investigación biológica mexicana, que en una gran mayoría los estudios caen en la catalogación sobre Flora y

---

[14] Un biólogo egresado de Cambridge, Herbert Graham Cannon, miembro de la Royal Society, mencionó lo siguiente en relación a la forma en que se le iban realizando adaptaciones extrañas a la tesis darwiniana: "Cómo ya he explicado, el darwinismo tuvo un declive a causa de que le fue imposible demostrar experimentalmente que las variaciones como Darwin las explicó realmente se heredan. Ahora bien, esto no ha sido ningún tropiezo para los genetistas modernos. Una nueva mutación llamada neo-mendelismo ha aparecido entre ellos y ahora afirman que las pequeñas variaciones de Darwin, simplemente se pueden heredar después de todo. En otras palabras, ya no se considera necesaria la prueba experimental de las pequeñas variaciones fluctuantes, el darwinismo se reencuentra nuevamente, se acepta después de haber sido despreciado viéndolo a través de las gafas color de rosa del neo-mendelismo, los devotos a este culto se refieren así mismos como neodarwinistas ¿Que habría dicho Darwin a todo esto? (Cannon, 1958, pp 28-29).

- Fauna y en lo relacionado con la taxonomía, observando que para principios de los noventa el apoyo gubernamental sigue menospreciando la investigación en temas evolutivos.
- El dr. Piñero señala que el origen de todo ello, fue la extraña disyuntiva política en donde Herrera fue reemplazado por Ochoterena. Señala que el liderazgo administrativo que desplegó Ochoterena fue el causante de esa inercia académica que hizo que la teoría evolutiva no formara parte de los programas de investigación del Instituto de Biología donde ocupó la jefatura. Que Ochoterena tenía una formación que no le permitió cumplir de forma más integrada la investigación biológica, pero que, de igual modo, sucedió con sus discípulos, pues tampoco estuvieron interesados en tales temas. Refiere lo siguiente: "*En consecuencia existe una investigación sobre los recursos biológicos de México desprovista de un contexto conceptual evolutivo.*"
- Menciona que un articulador de la visión evolutiva de Herrera pudo haber sido Enrique Beltrán de no haber acontecido aquellos hechos aciagos que ya hemos relatado.
- Incluso, señalaba que en el plan de los estudios de la licenciatura en Biología, la materia de evolución era optativa. Refiere que había que cambiar toda esta concepción.

Si el dr. Piñero se queja de la conducta de Ochoterena como una tradición indolente, la forma en que cubre a Darwin no parece indicar que haya habido un avance. De aquí podemos ver que, en efecto, el darwinismo en México debido a causas históricas es tautológico. El dr. Piñero por desgracia cae en esa categoría, al decir que todos los reajustes que se le han hecho a la teoría darwiniana se han articulado de manera justificada.

No mucho tiempo después de publicado este artículo se modificó el programa de Biología en las dependencias de la UNAM, de tal forma que se presta mayor atención a lo relacionado con los temas de evolución, por supuesto, siempre denostando a Lamarck y sacralizando a Darwin.

El dr. Piñero, sin embargo, no se atrevería a decir por qué la Biología evolutiva en el México del siglo XX ha estado completamente circunscrita a lo que digan las potencias neoliberales que por supuesto son darwinianas, ¿por qué no existe un disidente lamarckiano como los ha habido en los Estados Unidos según el mismo lo ha expresado?

Debe de haber varias circunstancias que no conocemos, por las cuales se mantiene una franca antipatía por las ideas de Lamarck en comparación a otros países latinoamericanos e incluso anglosajones (Márquez, 2012; Skinner, 2015). En ese tenor es sabido que la revista *The American Biology Teacher* recientemente ha señalado que no es posible seguir sosteniendo en el salón de clases los temas evolutivos sin la parte vital de la tesis lamarckiana que es la herencia de los caracteres adquiridos diciendo que:

> *Los estándares nacionales en relación a los planes curriculares de la enseñanza de la Biología recomiendan que los estudiantes aprendan como trabaja la ciencia para crear nuevos conocimientos. La historia de la ciencia revela que la vida de muchas teorías es efímera, las viejas teorías se sustituyen o son modificadas por el descubrimiento de nuevos hechos sobre la naturaleza o por nuevos modos de interpretar hechos existentes. Este proceso heurístico es referido en ocasiones como un "cambio del paradigma". ¿Puede el estudio de los rasgos adquiridos ser usado para ayudar a los estudiantes a que preparen sus mentes cuando se dan cambios a un paradigma mejorando así su entendimiento y apreciación de la ciencia como una vía al conocimiento?* (Stansfield, 2011).

Y todavía en el 2009 un investigador de la universidad de Oxford ha señalado con mucha atingencia ante el nuevo panorama que:

> *Una de las cosas que debemos hacer para solucionar la parálisis parcial de nuestro pensamiento evolutivo es*

*separarnos un poco de nuestra reverencia a Charles Darwin, estoy seguro de que a él no le importaría.* (Dupré, 2009),

Sólo hasta tiempo reciente, en 2013, en la UNAM se compraron dos facsímiles de la Filosofía Zoológica de Lamarck de reciente edición (1994) quizás previendo cómo defender a Darwin ante el arribo de la revolución epigenética.[15] A los evolucionistas mexicanos modernos los agarró de sorpresa dicha revolución. Jamás supieron, nunca se enteraron de los estudios precursores de la epigenética como los llevados a cabo por Conrad H. Waddington y su explicación sobre canalización y epigenética (Waddington, 1942, 1976), ni de los otros modelos como el de las fenocopias propuestas por Richard Goldschmidt o las *dauermodifications* (Jinks, 1964; Sager, 1972). Los dos últimos esquemas, por cierto, tienen una revisión meditada por parte del dr. Enrique Beltrán para su libro sobre materialismo dialéctico y Biología y el dedicado a Lamarck (Beltrán, 1945b), y luego en un artículo dedicado a Mendel (Beltrán, 1965). Estos casos de herencia atípica, se desecharían junto con otras explicaciones -por cierto, no necesariamente lamarckianas- que en su época causaron alguna polémica pero no tuvieron la fuerza necesaria para poder contradecir al neodarwinismo, de quien se sabe, le cupo todo menos la herencia de los caracteres adquiridos, ¿qué hubiera dicho Darwin de todo esto?

No obstante, de esa herencia atípica la cual llamó la atención de Beltrán, se generarán las grietas necesarias a la genética dogmática para hacer emerger la epigenética, pues esta nueva rama de la Biología Molecular será por derecho hija legítima de la herencia extracromosómica (Holliday, 2006).

Todos los apoyos que, según el dr. Piñero, han enriquecido la tesis darwiniana se han venido derrumbando uno por uno, debido a que todo fue una construcción artificial (Wolfe, 2012). Y es así, que a pesar de que se ha derrumbado el dogma central de la

---

[15] Estos libros se encuentran a disposición al público. Tanto el Instituto de Biología como la Facultad de Ciencias de la UNAM, poseen facsímiles de la época, según consta en literatura histórica, pero nunca hemos sabido si estuvieron a disposición del público.

Biología Molecular y de que se ha demostrado que los caracteres adquiridos en una generación si se pueden transferir a la siguiente en ya múltiples casos (Eaton y cols, 2015; Szyf, 2014; Miko, 2008), además de lo impropio del sistema DNA-céntrico metafórico neodarwiniano (Noble, 2015), es poco probable que los biólogos mexicanos cambien su adicción al darwinismo (Lazcano, 1985)[16] pues esta escuela es la base del principio de autoridad que siempre se ha impuesto en todo el país y que es conveniente desde la fundación de la Biología ochoterenista para mantener el sistema vertical autocrático que parece más que indispensable en estos tiempos neoliberales.[17]

Pero...¿ Acaso este predominio de la política, de la economía, en una palabra de la autoridad sobre la ciencia es algo reciente? Pronto veremos que no.

---

[16] Véase el texto: Lazcano, A. (1985). Hijo de Zague, ¿Zaguiño?. Ciencias, 85: 52-61. En este artículo le delata al biólogo mexicano Antonio Lazcano un total desconocimiento hacia la obra de Lamarck, sólo muestra su aversión. En fechas recientes el dr. Lazcano se ha manifestado en el sentido de que la revolución epigenética nada tiene que ver con Lamarck.

[17] Recientemente se ha denunciado el alto nivel de autoritarismo que reina en la UNAM desde hace mucho tiempo, además de que la institución ya se encuentra poco preocupada por los grandes problemas nacionales. Ver:
"UNAM sigue sin posicionamiento público sobre contexto nacional: Democracia UNAM". Aristegui Noticias, 11 de mayo del 2016. En: http://aristeguinoticias.com/1105/mexico/unam-sigue-sin-posicionamiento-publico-sobre-contexto-nacional-democracia-unam/

*José Francisco Bravo Moreno y Emilio Cervantes Ruiz de la Torre*

## 3. Martín de Sessé en la Expedición Científica a Nueva España

**3.1. Las Reales Expediciones Botánicas del Siglo XVIII a Hispano-América. Un artículo del profesor Enrique Beltrán nos explica las peculiaridades de la Expedición Científica a Nueva España**

En su artículo sobre las Expediciones Científicas, publicado en el tomo XXVIII de la Revista de la Sociedad Mexicana de Historia Natural (1967), el profesor Enrique Beltrán nos explica las diferencias que hubo en la organización de la expedición de Celestino Mutis a Nueva Granada (1783-1813) y la Expedición a Nueva España (1787-1803):

> *Así como la paternidad y lucha para ver realizada la exploración botánica de la Nueva Granada corresponde totalmente a Mutis, el mérito de la de Nueva España pertenece exclusivamente a Sessé. La diferencia fundamental entre uno y otro, fue que don José Celestino, hombre de gran prestigio científico que llevaba veinte años estudiando la naturaleza colombiana, y contaba además con la amistad y decidido apoyo del enérgico virrey-arzobispo Caballero y Góngora, no necesitó el patrocinio del absorbente Gómez Ortega, ni requirió vinieran de España quienes lo auxiliaran en la empresa, pues todos los reclutó en América. En cambio Sessé, que también gozaba de gran prestigio como médico no lo tenía en cambio como naturalista; y aunque contaba con la amistad y apoyo del Virrey Bernardo de Gálvez —de enorme valor para poner en marcha la idea— el pronto retiro de éste de la administración virreinal lo privó de un apoyo que habría sido muy importante. Por ello es que Sessé, desde un principio busca el de Gómez Ortega, que selecciona el personal que deberá laborar a su lado, cuyos principales integrantes vinieron de la metrópoli.*

Bernardo de Gálvez, hijo de Matías de Gálvez, que también había sido virrey de Nueva España, y sobrino de José de Gálvez, Visitador de Nueva España, había tenido un papel muy importante en la Guerra de la Independencia norteamericana. Siendo Gobernador de Louisiana bloqueó el puerto de Nueva Orleans para que no entrasen los navíos británicos y actuó apoyando decisivamente el tráfico de tropas americanas. Se cuenta que, por sus victorias en Manchac, sin una sola baja, Bâton Rouge y Natchez, en la Bahía del Mississippi, Gálvez habría desfilado junto a George Washington en el día de la celebración de la victoria y es uno de los pocos españoles (o quizás el único) que tiene un monumento en los USA, en la ciudad de Washington, así como una ciudad que lleva su nombre (Galveztown, FL).

Los métodos de Bernardo de Gálvez para establecer dominio eran más que cuestionables, como cuando en sus "Instrucciones para la defensa de la provincias internas" menciona lo siguiente: "Los indios del norte tienen afición a las bebidas que embriagan; los apaches no las conocen, pero conviene inclinarlos al uso del aguardiente o del mezcal donde estuviere permitida su fábrica...Con poca diligencia y breve tiempo se aficionarán a estas bebidas, en cuyo caso serían ellas su más apreciable cambalache, y el que deje mayores lucros a nuestros tratantes en la trata o comercio de los indios" (Cue Cánovas, 1979).

Sessé contaba con el apoyo y la amistad de Bernardo de Gálvez, pero no era un científico. El propio Sessé lo reconoce en una carta que escribió en respuesta a su nombramiento de Corresponsal del Real Jardín Botánico de Madrid en la ciudad de México y que vamos a ver en seguida.

Otras peculiaridades de la Expedición a Nueva España eran que incorporaba también a un farmacéutico (Jaime Senseve) y a un naturalista (José Longinos Martínez Garrido). Tanto el naturalista como el botánico (Vicente Cervantes Mendo) habían ganado sus respectivas plazas en una oposición que se celebró con toda ceremonia en el Real Jardín Botánico de Madrid y a cuyos ejercicios asistió una representación de la alta sociedad. Por el contrario, el director de la expedición (Sessé) y el farmacéutico

69

habían obtenido sus plazas sin necesidad de oposición, por su participación en el banco de favores vigente o su relación directa con los estamentos de dicha sociedad.

Como veremos pronto cada una de estas peculiaridades será el origen de algún problema.

### 3.2. La incorporación de Martín de Sessé a la Expedición

La carta dirigida por Martín de Sessé desde la Habana el 30 de Enero de 1785 a don Casimiro Ortega, primer catedrático del Real Jardín Botánico de Madrid, deja entrever que Sessé se encontraba en una posición sólida (Documento 1, sección 4.1), pero no aclara qué era lo que buscaba Sessé, qué quería exactamente entonces. Tal vez porque ni él mismo lo supiera. Por ningún lado aparece la solicitud de una plaza ni mucho menos la de director de la Expedición, al contrario, Sessé propone a Gómez Ortega que escoja al *más idóneo* entre sus *adelantados Discípulos* para el fin de establecer *Cáthedra de Botánica con Jardín*. Sessé no pide, sino que, por el contrario, después de hacer un resumen de sus méritos, él ofrece generosamente:

*No me parece difícil hallar persona capaz a quien adapte venir a hacer su honrosa fortuna con sola la que yo le propongo poniéndole desde el día de su llegada una completa Botica dentro de Palacio, de cuyo producto le daré la mitad, siendo de mi cuenta todos los menoscabos. Para este efecto tengo en Cádiz en poder de don Francisco Borda 6.000 pesos que con las resultas de este Señor, y la atestación de V.M. pondrá a su Orden para que desde allí venga surtido de libros, instrumentos, drogas, semillas, envases, etc. que no se hallan, o es a mucho costo en estos Reinos. De todo mandaré anotación en el Caso. El mismo Borda en Cádiz, si lo hubiere menester le proporcionará equipaje y cómodo transporte, que será en compañía de un condiscípulo de singular talento que fue Médico del Ejército en Mahón y ahora de Cabildo en Canaria.*

*Este me ayudará a la formación de una Academia de Medicina, Teórico-Práctica que se pondrá en el Hospital General sobre los mismos principios y reglas que la del Real de Ntra. Sra. de Gracia de Zaragoza a quien ambos debemos el ser tan precisa como la Cátedra de Botánica.*

Nos preguntamos ahora: ¿Qué pretende Sessé con esta carta? En ella agradece a Gómez Ortega por su flora, y busca su apoyo para *el siguiente discurso dirigido a hacerlas brillar y fructificar en esta parte del nuevo Mundo.*

Un médico se dirige al primer catedrático del Real Jardín Botánico solicitando su apoyo para organizar una Expedición Botánica. ¿Es esto habitual? ¿Se trata de un protocolo establecido? No. Sessé obra con la ventaja debida a su posición privilegiada por su relación con Bernardo de Gálvez:

*El favor de este Señor, aquella Ciudad, Audiencia, Universidad y Proto-medicato sé que me hace molestar a VM. y es: establecer Cáthedra de Botánica con Jardín, a que convida el fértil é inculto terreno que hay dentro de Palacio contiguo a la Universidad.*

Hay que tener en cuenta que esta primera carta está escrita cuando todavía Matías de Gálvez era Virrey de Nueva España. Matías lo fue hasta el 17 de junio de 1785, fecha en que falleció y su cargo fue ocupado por su hijo Bernardo, el héroe de la Independencia norteamericana, a quien se refiere Sessé en esa carta. En ella Sessé habla mal de las boticas mexicanas, no se propone abiertamente como director de la Expedición y, sin embargo habla, si no como director, sí desde una posición de autoridad. Ofrece dinero a Gómez Ortega, para costear los gastos de una Cátedra de Botánica en la Ciudad de México que él propone, pero no para sí mismo, que reconocerá tener escasos conocimientos de la Botánica como veremos, sino para alguno de los *adelantados Discípulos* de Gómez Ortega.:

*Para este fin necesito que con anticipación tienda V.M. la vista sobre sus adelantados Discípulos para anotar el más*

José Francisco Bravo Moreno y Emilio Cervantes Ruiz de la Torre

Idóneo al desempeño de este Ministerio, tan preciso en aquella Corte, que con dolor aseguro a VM. sería difícil hallar tres Farmacéuticos capaces de hacer una cataplasma con Arte; no bajando de 60 las Boticas abiertas.

Un curioso procedimiento que ya el profesor Enrique Beltrán había reconocido como irregular. Pero... ¿cómo puede un médico militar disponer del dinero necesario para entregar 6000 pesos a cuenta de una Expedición Botánica? ¿Se tratará de una oferta desinteresada? Es decir él, que no es experto en Botánica, no se ofrece como director, ni siquiera como miembro de la Expedición, pero parece tener ideas muy claras ¿Cuáles? En primer lugar, respecto a la formación de una Academia de Medicina en México. En segundo lugar, respecto del Protomedicato al que se refiere mediante insultos:

*Este me ayudará a la formación de una Academia de Medicina, Teórico-Práctica que se pondrá en el Hospital General sobre los mismos principios y reglas que la del Real de Ntra. Sra. de Gracia de Zaragoza a quien ambos debemos el ser tan precisa como la Cátedra de Botánica.*

*Por estos dos medios, y otros que tenga acordados con aquel Proto-Medicato en orden a la admisión a exámenes se conseguirá el exterminio de innumerables salti-banquis falsarios de la Facultad, que con deshonor de ella y la mayor inhumanidad usurpan a un tiempo vida y tesoros.*

Es algo extraño que, no pidiendo su incorporación en la Expedición se ponga a sí mismo como encargado de formar una Academia de Medicina sobre los mismos principios y reglas que la del Real de Ntra. Sra. de Gracia de Zaragoza. Llama la atención la frase harto inconexa referida a la Cátedra de Botánica que termina el primero de estos dos párrafos, pero tanto o más llama la atención el tono insultante con que se refiere a los miembros del Protomedicato, lo cual da indicio de sus intenciones, contrarias a ellos y que están en la raíz de sus tensas relaciones con ellos. Tampoco es muy claro en lo que se refiere a Hernández, médico y botánico enviado por Felipe II a México, cuya obra debe continuar la Expedición, pero de quien Sessé parece haber olvidado la época en que vivió:

> *Se encuentran algunos monumentos en el tesauro del dr. Hernández, que murió el siglo pasado comisionado por nuestra Corte al mismo intento. Creería verle logrado á satisfacción si en mí compitiera la capacidad con el deseo; pero me alienta la confianza de que la de Vm. me saldrá garante tomándose la mayor parte en el desempeño.*

Casimiro Gómez Ortega, primer catedrático del Real Jardín Botánico de Madrid, había contestado a la carta de Sessé de 30 de Enero de 1785, siendo ya Bernardo de Gálvez virrey, nombrándolo Corresponsal del Real Jardín Botánico en la ciudad de México.

En una carta dirigida a Gómez Ortega con fecha de 26 de julio de 1785, escrita en respuesta a su nombramiento de Corresponsal del Real Jardín Botánico de Madrid en la ciudad de México, Sessé reconoce no ser un científico. Enrique Álvarez López (1952) calificó ya dicha carta como "del mayor interés" y de ella vamos a comentar a continuación algunos párrafos. Por ejemplo:

> *Con la ingenuidad de buen Español confieso a V.M. que le agradezco más la confianza con que me trata que el título con que me honra...*

> *Conociendo que todo lo que escribió Hernández y puede adelantarse en esta materia debe salir de las experiencias y conocimientos de estos Indios me proporciono al fin aplicándome a su idioma tan elegante que los más de los nombres incluyen la significación a imitación del griego. Si logro poseerlo (como espero) por esta única ventaja podré ser un compañero en la Expedición Botánica que anuncia V.M. á este Ex. Virrey y si los principios de Latinidad en que no soy forastero, aunque tampoco ningún Cicerón son del intento para adicionar en el mismo estilo lo escrito por Hernández estoy pronto a tomarme este trabajo, y no más para continuar la obra de Hernández en el mismo estilo*

*material que Nardo Antonio Recio le compendió para traducir al idioma vulgar, supuesto que no todos los Cirujanos y Boticarios poseen el latín, estoy pronto a tomarme este trabajo y no más por ver dónde puede llegar mi suficiencia.*

*Debo hacer a V.M. con tiempo esta sincera confesión porque con ingenuidad no paso de un mediano Discípulo de la Universidad de Zaragoza donde la Botánica cuando no se juzgue extraña a la medicina tampoco se repute necesaria, pues no se enseña; y pudiera V.M. llevado del afecto que respira su carta considerarme más útil y tal vez colocarme en lugar que después del bochorno que fuera para mí no poderle llenar se frustrara el fin poniendo un mal cimiento en obra que los necesita tan sólidos.*

En donde a la continua profusión de atributos y epítetos para referirse a sí mismo: ingenuidad, buen español, y comparaciones personales (con Hernández, con Cicerón, con Nardo Antonio Recio), viene a sumarse ahora un tono de modestia y humildad que suena falso después de todo aquello. Al referirse al idioma náhuatl suena improcedente la expresión:

*Si logro poseerlo (como espero) por esta única ventaja podré ser un compañero en la Expedición Botánica que anuncia V.M. á este Ex. Virrey*

Ya veremos más adelante si el autor de la carta se aplicará, como promete, a aprender el idioma náhuatl, o si verdaderamente considera, como indica, que al poseer dicho idioma (*como espero*) por esta única ventaja, podrá ser un compañero en la Expedición Botánica, porque la conclusión de este fragmento es que si Sessé no aprende el idioma, entonces no pinta nada en la Expedición. Y, no obstante, ya está incluido en ella sin saber una palabra del idioma. La contradicción es sonora, pero algo hemos adelantado, puesto que, a diferencia de la carta anterior, en esta ya se presenta a sí mismo como compañero en la Expedición Botánica. Sobre todo fijémonos ahora en esa palabra: **compañero** y dejémosla aquí destacada porque enseguida habremos de recogerla y, apoyándonos en una larga carta de la mano del propio Sessé, buscarla ahí y compararla con otras palabras de diferente significado. Veremos si eso de ser un compañero es, para él, una idea clara, su verdadera y legítima aspiración o si se trata de una estrategia para subir un peldaño más en una larga escala en la que puede haber otras aspiraciones y en ese sentido la palabra compañero deberá tomarse según convenga al modo contradictorio que es característico de la manipulación.

En la Real Cédula de 20 de Marzo de 1787 (Documento 2, sección 4.2) queda constituida la Expedición. En ella expresa el rey su aprobación por el conocimiento que Sessé tiene de la legua mexicana. Ignoramos las fuentes de información reales pero no nos cabe la menor duda de que en este caso erraban. Por otra parte se menciona en esta Real Cédula al Conde de Gálvez, con quien Sessé, como habíamos visto, se había encontrado en muy buena relación. Y hablamos ya en pasado porque también la Cédula habla en pasado de Gálvez: Dice que el Conde de Gálvez fue Virrey de aquel Reino. Efectivamente, cuando se escribe la Cédula, Bernardo de Gálvez ha dejado ya de ser virrey en Nueva España. Su mandato tuvo lugar entre el 17 de junio de 1785 y el 30 de noviembre de 1786, fecha en la que falleció, posiblemente envenenado. Alonso Núñez de Haro y Peralta, Arzobispo de México, tendrá el cargo de virrey entre mayo y agosto de 1787. Manuel Antonio Flores Maldonado, quien fuera previamente virrey de Nueva Granada, será virrey de Nueva España entre agosto de 1787 y octubre de 1789 y Juan Vicente de Güemes Pacheco y Padilla, segundo Conde de Revillagigedo entre esa fecha y julio de 1794, tratándose de este virrey a quien se dirigen la mayor parte de los documentos relacionados con la Expedición de los que trataremos en sucesivos capítulos.

### 3.3. La actuación de Martín de Sessé en la Expedición. Primera parte: Tránsito de un idilio a cierta tensión latente

¿Cómo se comportará como director de una expedición científica alguien que no es científico y que ha sido escogido principalmente por su posición social y sus relaciones de amistad?

En el caso que nos ocupa los documentos permiten reconstruir los hechos de manera que nos libremos de contestar a esta pregunta de manera especulativa.

Una vez superados los exámenes correspondientes, emitidos los pasaportes y efectuado el viaje por mar desde Cádiz hasta Veracruz en compañía de sus esposas, José Longinos Martínez Garrido y Vicente Cervantes Mendo, el naturalista y el botánico nombrados en Madrid por oposición, se incorporan a la Expedición siendo virrey Manuel Antonio Flores Maldonado. La licencia para efectuar el viaje tiene fecha de 24 de Abril de 1787 y a su llegada se establecen en Ciudad de México en donde Cervantes se ocupa de las tareas de la Cátedra de Botánica, creada en la Facultad de Medicina.

En los primeros meses el clima es de *cordial* **compañerismo** *entre todos los miembros de la expedición*, expresión tomada directamente de Arias Divito (1968, p, 75) que prosigue su relato de esta manera:

> *...y no podía ser de otro modo, atendiendo a la casi paternal solicitud con que Sessé se ocupaba de sus colaboradores. Respondiendo a un comentario que se ve le hizo Gómez Ortega en alguna de sus cartas expresaba: "Cervantes y Longinos habrán manifestado un agradecimiento superior a la fineza, o por su mucho reconocimiento o porque no la esperaban, pero yo sé que no he hecho más que satisfacer mi propia inclinación, y que dimanando de este principio el poco favor que han recibido pueden esperar su continuación interín mis facultades lo permitan...*

Y en este párrafo hemos de hacer notar esa expresión *paternal solicitud*, con la que se refiere a Sessé, expresión de una actitud que puede ser precursora de una situación problemática. El director de una expedición no necesita ni debe comportarse con cualidades paternales. Pero, como veremos pronto, sus facultades no permitirían mantener por mucho tiempo tanto favor continuado. En parte porque este cordial **compañerismo**, ésta *casi paternal solicitud* se deben a la necesidad de mostrase unidos los miembros de la Expedición frente al enemigo común: El Protomedicato.

En los meses de abril y mayo de 1788 Sessé tiene disputas abiertas con la Universidad y con el Protomedicato. El asunto lo trata con cierto detalle Arias Divito (1968) y consiste en una serie de aspiraciones que Sessé pretende (recuerden aquella escalera que había empezado unos párrafos atrás y que, según decíamos entonces, podría tener varios peldaños), tal vez por haberlas negociado en los tiempos en que Matías o Bernardo de Gálvez estaban en el poder. Dichas aspiraciones incluyen entre otras la de obtener la visita de Medicina y Boticas, los títulos de Alcaldes Examinadores del Tribunal para el Director del Jardín y el Catedrático de Botánica, así como imponer una reforma en el Protomedicato. Los miembros del Protomedicato, en particular José Giral, Juan José Matías de la Peña y Brizuela y su Presidente, José Ignacio García Jové, se oponen a las aspiraciones de Sessé. Sessé y Cervantes escriben al virrey dirigiéndole sus quejas porque el Tribunal no los convoca para sus audiencias ni para efectuar la visita de boticas. Los miembros de la expedición al unísono suscriben una representación a su Majestad manifestando su queja por el estado en que se encontraba el Protomedicato y las profesiones de Medicina y Farmacia (Arias Divito, 1968, p. 119 y siguientes y p. 352 y siguientes).

En su correspondencia con Gómez Ortega queda patente la disputa de Sessé con el Protomedicato (Arias Divito, 1968, p. 124), lo que nos da oportunidad para descubrir nuevos aspectos en el estilo de Sessé. Así en carta del 27 de mayo de 1788 se refiere al desorden del Tribunal indicando:

> ...de tres individuos que lo componen uno es demente, en el grado que explicaría a D. Casimiro la Condesa de Gálvez que lo había conocido, el otro, que era el Presidente lo consideraba un decrépito tan ridículo como loco el primero; el tercero, que era por quien se gobernaba todo, podía ser hombre útil si empleaba mejor su talento, pero era tan mal vasallo que declamaba contra todo español "como si fuera el

*primogénito de Montezuma (sic.) y se le hubiera usurpado la corona de las sienes".*

Mediante estos epítetos: demente y loco, el primero; decrépito y ridículo, el segundo; mal vasallo y primogénito de Montezuma (sic.), el tercero, está aludiendo Sessé a Juan José Matías de la Peña y Brizuela, José Giral, y José Ignacio García Jové respectivamente. Ahora los miembros de la Expedición se mostraban unidos, como una piña, y cerraban sus filas frente al enemigo común: El Protomedicato. Pero el idilio no duraría mucho. Entre los factores que lo romperían hay varios, pero uno de ellos no lo suele recoger la bibliografía al uso. Por distintos motivos se crearon diferencias entre los miembros de la Expedición, en particular entre los dos que constituían su núcleo, porque habían obtenido su cargo mediante oposición, es decir Vicente Cervantes Mendo (el botánico) y José Longinos Martínez Garrido (el naturalista). El primero sería responsable de la Cátedra de Botánica, es decir, un puesto muy bien definido y de alta responsabilidad; pero además sería beneficiario con Sessé de las reclamaciones que se hacían (visitas a las boticas, título de Alcalde Examinador). El segundo, José Longinos Martínez Garrido, permanece al margen de aquellas reclamaciones y en una posición peor definida, puesto que el naturalista no tiene Cátedra ni docencia alguna a su cargo. Esto crea una brecha entre ambos. Incluso sin haberse aprobado las reclamaciones, Cervantes aparece al lado de Sessé en las actividades sociales en relación con la Botánica tales como el acto de apertura del Jardín Botánico, Apertura de Curso y lecciones de la Cátedra de Botánica, una especialidad de la mayor relevancia para la Medicina y la Farmacia y que quedaba encomendada a Cervantes, mientras que el naturalista permanecería en un aislamiento del que saldría para la fundación de su Gabinete (Constantino, 2014) o bien para participar en disputas y polémicas.

El 12 de junio de 1788 José Longinos Martínez Garrido se une a Sessé y a Senseve en San Ángel (Chimalistac) para comenzar sus viajes. Desde San Ángel, la expedición recorre el valle de México hacía el sur, por zonas subtropicales. Durante los meses de julio, agosto y septiembre el centro de operaciones está en San Agustín de las Cuevas. El 27 de octubre de 1788, Sessé da cuenta a Casimiro Gómez Ortega de los viajes y en marzo de 1789 comienza la segunda excursión en dirección a la costa del Pacífico. Los expedicionarios establecen ahora la base de operaciones en Cuernavaca. Sessé parece haber olvidado ya su promesa de aprender el náhuatl (*aplicándome a su idioma tan elegante que los más de los nombres incluyen la significación a imitación del griego*) y como resultado de esta campaña se redactaron, en latín, idioma de cuyo conocimiento Sessé se mostró orgulloso, los índices titulados "*Index herbarii secunda excursiones*", "*Index iconum rariones omnes*" así como una relación de aves particulares. En su carta a Gómez Ortega, Sessé indica:

> ...nos alejamos a distancia de 18 leguas donde estuvo Cervantes 8 días de paseo después de cerrado el Curso, y nos asegura hallarse muchas producciones raras, de que nos trajo muestras, y algunas Plantas de Hernández, que es lo que más se nos dificulta por la pérdida y trastorno del idioma Mexicano y la poca o ninguna luz que suministran sus descripciones y estampas.

Sessé no ha aprendido el idioma mexicano como queda bien patente. Pero no solo eso, sino que en su carta da a entender que la culpa es del propio idioma que se ha perdido y trastornado, como haciendo ver que se trata de una lengua inútil o en desuso, lo cual era a todas luces, falso, puesto que sigue vivo doscientos años después. La manera de referirse a Hernández, mezclando su obra con las dificultades del idioma mexicano, indica asimismo, que la obra de este autor no le merece gran consideración. Por encima de la confusión de su entorno que incluye idiomas trastornados y estampas oscuras permanece su voluntad de poder, su ambición.

Se obtuvieron cuatro cajones de "producciones", uno de los cuales contenía veintidós aves disecadas, dos lagartos raros, un murciélago, y otro de ellos la cabeza de fémur de un elefante y una muela petrificada de otro.

En carta del 16 de mayo de 1789 José Longinos Martínez Garrido comunica al virrey el fallecimiento de su esposa, obteniendo por este motivo una licencia sin límite de tiempo, que utilizará desde el día 16 de mayo hasta el 29 de septiembre del año 1789. De este periodo vamos a analizar dos cartas con fecha de 23 de julio.

La carta de Longinos Martínez a Sessé escrita en México a 23 de julio de 1789 presenta una caligrafía desigual y, en algunos fragmentos, ilegible (Documento 3, Sección 4.3). De ella deducimos que entre ambos, José Longinos Martínez y Martín de Sessé, existe ya cierta tensión. Leemos:

> *Y si a Ud. le parece fácil la conservación será por ignorar sus requisitos como lo demuestra el repetido encargo que Ud. me hace atento localización en esos estantes, ni se porque ahora se apura Ud. respecto haber sido casual esta mi tenida. Si hubiera sido esta repetida advertencia con otras circunstancias la atribuiría a la primera cláusula que dejo dicha donde expongo la razón de desentenderme, pero como experimento la contraria no se a que atribuirlo repito que deseo la paz pero también digo que me llamo el indiferente en todo y por todo y que así lo soy también en que repita Ud. lo que quisiere de oficio o como mejor le parezca.*
> *Me alegro del pronto restablecimiento de las enfermedades y Ud. les dará mis afectuosos expresiones de este su afecto que s m b*
> *Longinos Martínez*

Ante esta situación el naturalista dice desear la paz pero se manifiesta firme en su postura. Por su parte Sessé, en su escrito con fecha del mismo día, confirma la tensión existente entre ambos (Documento 4, Sección 4.4; Carta de Sessé a Longinos Martínez escrita en la Hacienda de Mazatlán el 23 de julio de 1789).

En esta carta vemos la tensión expresada en los siguientes puntos:
1) *En carta familiar de mediados de junio...*

Indica Sessé al comienzo de la carta, dejando ver que existe otro modo de escribir las cartas que no es el modo familiar al que aquí se refiere. Es por lo tanto una expresión persuasiva: Sé obediente porque de lo contrario emplearé un tono más severo que el de ésta mi carta familiar. Tono persuasivo, amenazador, como se confirma en la siguiente expresión:

2) *Hago a Ud. este amistoso recuerdo porque me ahorre el disgusto que tendré en tratar precisamente de oficio todos los asuntos que podemos deliberar y seguir como* **compañeros**.

El recuerdo es amistoso, pero podría ser de otra índole. Efectivamente, si Longinos no se aviene a razones, entonces Sessé tratará los asuntos de otra manera: de oficio. La alternativa aparente, es decir desde el punto de vista de Sessé, es: Deliberar los asuntos y seguir como compañeros o tratarlos de oficio y reñir. Pero la real, es decir, para José Longinos Martínez, es distinta: Someterse o reñir. Va a tener que ser lo segundo porque es la única opción en que ambos coinciden.

Efectivamente en la siguiente misiva de Sessé, escrita un par de semanas después, el tono cambia, ya no podría presumir el autor de ser familiar ni de ser amistoso (Documento 5, Sección 4.5; Carta de Sessé a José Longinos Martínez escrita en Chilpancingo el 6 de Agosto de 1789).

Se trata de la primera carta de Sessé que aparece dividida íntegramente en una serie de puntos. Escrita en respuesta a la de José Longinos Martínez de fecha 23 de julio, acusa a este de haber empleado insultos en su carta. Como indicábamos al referirnos a ella, la de José Longinos Martínez, escrita al poco tiempo de fallecer su esposa, tiene fragmentos ilegibles y por tanto no sabemos si en ellos podrá contener algunos insultos, desde luego que no hay insultos en los fragmentos que se pueden leer (Sección 4.3). Como quiera que sea, la de Sessé adquiere ya un tono amenazador en el punto 1. Las amenazas que en la carta anterior comenzaban a asomar, aparecen ya en esta sin ningún tipo de disimulo. Así en el largo párrafo del primer punto:

*José Francisco Bravo Moreno y Emilio Cervantes Ruiz de la Torre*

*1º Muy Señor Mío:*

*Concuerdan poco los deseos de reconciliación que pretende usted demostrar en su carta del 23 del pasado con los insultos de que se compone nuestra parte de su contenido. El desentenderme de los dirigidos a mi persona será la última prueba de una tolerancia que tal vez habrá sido cómplice en los repetidos desacatos con que usted ha vulnerado el respeto debido a mi empleo y persona que tuvieron la bondad de influir para que su Majestad me lo confiriese; (constándole) a usted que hasta aquí he apurado mis esfuerzos por desempeñarle mandando no como podría sino con ejemplo en todos los trabajos; y esto no por usurparme la gloria de los subalternos como usted se atrevió a decirme, sin duda fuera de sí, porque son incompatibles aquella ambición, y la generosidad con que he recomendado al ministerio el mérito de la Expedición aún en materias que no han dado a Ud. el menor trabajo y que ha mirado Ud. con indiferencia si no con desafecto.*

De nuevo la tolerancia, bondad, generosidad y esfuerzos del autor contrastan con los insultos, desacatos, indiferencia y desafecto, de Longinos.

Sessé, presa de su acaloramiento, viene a dar algunas de las bases de su comportamiento cuando dice:

*...(constándole) a usted que hasta aquí he apurado mis esfuerzos por desempeñarle mandando no como podría sino con ejemplo en todos los trabajos; y esto no por usurparme la gloria de los subalternos como usted se atrevió a decirme, sin duda fuera de sí...*

Y es que, efectivamente, quien se excusa se acusa. En este caso el tiempo acabaría demostrando que sí se quedó con la gloria de los subalternos (recuerden la carta de Humboldt a Bonpland mencionada en la sección 1.9). Llama la atención el contraste entre sus **compañeros** de cartas anteriores e incluso de otros párrafos de esta misma con sus **subalternos** de ahora y parece raro que los historiadores no hayan notado el valor premonitorio de estas cartas en las que Sessé está advirtiendo que lo que quiere es quedarse con la gloria de sus *compañeros*, de sus "subalternos", que en realidad no son tales puesto que el naturalista de la expedición tiene funciones propias aparte de las del Director.

En definitiva, parece que el protagonismo que se viene atribuyendo a Martín de Sessé en la expedición puede ser resultado de dos motivos principales: 1) Su afán de poder, es decir, una tendencia algo patológica a imponer su autoridad y 2) un conservadurismo a ultranza en la Academia que hace que los historiadores prefieran mantener las cosas en la línea tradicional antes que dar nuevos puntos de vista.

Asociado con el afán de poder, va destacando un elemento muy importante en el estilo de Sessé: la contradicción, que luego se hace notoria. Donde dije..., ahora digo...Y esto con nuevas amenazas:

*Así dije que si recelaba algún demérito y ahora mando que lo haga aunque Usted juzgue que hay riesgo en practicar tenga Ud. entendido que se aventura menos en la pérdida de cuatro pajarillos comunes que contienen que en el (desacato) de mi autoridad, cuyo ejemplar podría ser origen de peores resultas.*

Se aprecia cierto tono despectivo por la tarea de recolección desempeñada por el naturalista (*la pérdida de cuatro pajarillos comunes*). En otras palabras: olvídese de sus estúpidos pájaros y mejor preocúpese de que no lo corra. Pero Longinos, un verdadero científico, no ve de ninguna manera a unos pajarillos comunes, sino especímenes valiosos dignos de observación y estudio. Ningún ser vivo es ordinario y la carta expresa una total falta de respeto por la naturaleza de parte de Martín de Sessé.

Asimismo la desconfianza en quien está mucho más capacitado que él para cuidar de las producciones, con sentencias que hacen sospechar que lo que quería Sessé era dejar a Longinos sin función alguna, apoderándose de sus métodos y repartiendo sus tareas entre los otros miembros de la expedición incluyendo al ya bien ocupado Catedrático de Botánica a quien considera también como posible adjudicatario de las tareas del naturalista:

> *Esta es la causa por que dije en Cuernavaca que mandaba fuese el Casoar a mi casa quedo responsable a las resultas que el empeño de Ud. presagiaba, y no podrían ocurrir siempre que Ud. diese instrucción como debe de las precauciones con que pueden conservarse, y que el Catedrático sabría poner en práctica con tanto acierto como cualquiera otro a quien Ud. quiera confiar este encargo.*

El director pretende que el trabajo del naturalista vaya a parar a su casa:

> *Mis estantes son susceptibles de precauciones como los de cualquiera y si algo les faltaba puede Ud. avisarlo, asegurado de que nadie me ganará a liberal por el servicio del Relustre de la Expedición. Esto supuesto, y que en mí de tanta obligación como todos juntos de saber (?), orden y método con que se disponen los objetos de los tres Reinos, no sólo en los estantes, sino también en los ---- de que aún no me ha dado usted la primera ------ que esto debo hacerlo con el mayor manejo, y ...*

Y no sólo eso sino que aparece en esta carta una cuestión que será clave para el devenir del naturalista y que nos ayuda a entender las relaciones entre este y el jefe de la Expedición. Sessé pretende que los expedicionarios se reúnan en su propia casa en la que incluso residirán algunos de ellos. La cuestión está presentada de modo un tanto arbitrario y de nuevo, contradictorio:

> *...se hace inevitable que unos residan en mi casa a donde todos ocurrirán para consultar, y acordar las dudas, como mandan las instrucciones, no siendo regular que para esta diligencia indispensable, y a que Ud. tanto se ha resistido, salga yo de mi casa para la de los subalternos, pudiendo, y*

debiendo estos concurrir a la mía, como sucede en todo cuerpo bien gobernado.

Pero... ¿Puede esto ser cierto? ¿Es inevitable que algunos miembros de la expedición residan en casa del director? ¿Mandan las instrucciones que todos acudan a su casa para consultar y acordar las dudas? La respuesta a estas preguntas es un No rotundo. Ni por asomo mandan las instrucciones que se reúnan en su casa los miembros de la expedición.

Hasta aquí hemos sido testigos de cierta tensión que podemos considerar habitual en las relaciones personales y laborales. Como se dice, la sangre no ha llegado al río y no ha habido ninguna reclamación oficial o denuncia legal frente a la autoridad. A partir de ahora observamos un cambio de rumbo y la situación interna de la Expedición se complica. El Documento 6 (Sección 4.6) introduce un nuevo elemento en el análisis: el farmacéutico Jaime Senseve. Se trata de la carta de Sessé al virrey escrita en la ciudad de México el 23 de noviembre de 1789.

## 3.4. La actuación de Martín de Sessé en la Expedición. Segunda parte: El león saca su garra

La carta de Sessé al virrey escrita en la ciudad de México el 23 de noviembre de 1789 (Documento 6, Sección 4.6) muestra un cambio temporal en el objetivo de sus iras al expresar su intención de rescindir el contrato de Jaime Senseve incorporando en su lugar a Mariano Mociño. La queja se basa en la falta de memoria de Senseve y viene apoyada por documentos firmados por los demás miembros de la Expedición, incluyendo a José Longinos Martínez, lo que indica que todavía entonces había cierta cohesión, cierta unidad entre los miembros. Jaime Senseve era farmacéutico, lo cual constituye otra de las peculiaridades en esta Expedición y no se había incorporado en ella mediante la superación de examen alguno sino, según se deduce del artículo de Álvarez López (1952) y del análisis de la correspondencia allí mencionada, por sus relaciones de amistad e influencias familiares, probablemente entre su esposa y la de Gómez Ortega. La carta mediante la que Sessé pretende reemplazar a Senseve por

José Francisco Bravo Moreno y Emilio Cervantes Ruiz de la Torre

Mociño contiene también tres referencias verdaderamente incómodas para José Longinos Martínez y manifiesta el desprecio del director, en general por las labores de disección y en particular por la labor del naturalista:

> *Con esta consideración le mandé que se dedicase a la disección de animales, en cuyo material ejercicio ha adelantado lo suficiente para suplir en esta parte cualquiera falta del naturalista, aunque no sea con tanto primor, y destreza, como este profesor.*

Y más adelante:

> *Pero ni la escasez de animales raros, que son los que únicamente debemos enviar al Real Gabinete, demanda dos facultativos empleados en este solo objeto, ni una ocupación mecánica, en que fácilmente y en muy poco tiempo puede imponerse cualquiera aún sin principio de alguna ciencia, merece una dotación como la de Senseve...*

Y también:

> *Para la disección de animales, en que no merece ocuparse algún profesor, se ha ocupado el cirujano don José Maldonado, también discípulo de este Jardín, quien por su particular genio anatómico ha trabajado ya algunas aves, y peces, en que da a conocer que, doctrinado por el Naturalista en pocos días podrá suplir sus faltas, y hacer lo mismo y más que Senseve,*

Completan la carta nuevas contradicciones, que se suman a lo visto en estos ejemplos y elogios para adornar a quien va a defenestrar:

> *Hombre honrado, activo, obediente y dotado de cuantas buenas propiedades forman la mejor conducta, estimulado del honor, y obligación en que le ha constituido un destino distante del que con orden superior le condujo a esta capital, se ha aplicado al estudio de la Botánica desde el 4 de Agosto*

de 1787, en que por Real determinación se le mandó ayudarme a las disposiciones programativas de este Jardín mientras llegaran de España los demás profesores destinados a la enseñanza y exploraciones de estos dominios.

Elogios que no son suficientes para superar el problema: la falta de memoria en Senseve, y tampoco pueden disimular que, en poco más de un año, tenemos varias disputas abiertas con el director como protagonista: En primer lugar con los médicos del Protomedicato, que se negaban a aceptar a Sessé y a Cervantes como alcaldes examinadores en su organismo; en segundo lugar con la Universidad (Beltrán, 1967), a continuación con dos de los participantes en la Expedición (José Longinos Martínez Garrido y Jaime Senseve) y también, al parecer Sessé había tenido dificultades con el virrey Flores (Álvarez López, 1952, p 27). Algo más adelante se deja ver en la correspondencia que Sessé tuvo también problemas con Mariano Aznares, a quien llamó monstruo de ingratitud (ver carta de Sessé al virrey en el documento 15, sección 4.15). Comienzan a surgir las dudas sobre si acaso estas disputas no serían debidas al carácter del propio director de la expedición.

Esta carta (Documento 6, Sección 4.6) nos muestra además, que Sessé ha tomado dos decisiones sin consultar con los otros miembros de la Expedición que son: Expulsar a Senseve de las excursiones y tomar en su lugar a Mociño. Decisiones que serán objeto de futura discusión. Pero vamos a concentrarnos ahora en la disputa con José Longinos Martínez Garrido, a quien Sessé no deja tranquilo ni guardar el luto por la muerte de su esposa como vemos en el Documento 7 (Sessé al virrey, 8 de enero 1790; Sección 4.7) en el cual se refiere al naturalista como *este individuo*.

*Excmo. Sr,*
*Con el justo motivo de haber fallecido la esposa de don José Longinos Martínez usó este de Licencia desde el 16 de mayo del 89 hasta 29 de septiembre del mismo. No creí necesario expresarle a VE en mi oficio de 28 del pasado porque supuse que su concesión había sido con noticia de los Ministros de Real Hacienda de estas cajas para la regulación del sueldo*

que le corresponda en ese intermedio, y que este individuo no sería capaz de incurrir en la falta de comunicarlo, como se le previno. Tampoco pude advertirlo hasta ahora, por no haberme manifestado el permiso, y sólo haber sabido por carta confidencial que lo había obtenido de esta superioridad sin límite de tiempo. Esta fue la causa de no haber yo hecho mención de dicha Licencia.
Dios guarde la vida de VE muchos años. México, 8 de enero de 1790. Excmo. Sr.

### 3.5. La actuación de Martín de Sessé en la Expedición. Tercera parte: La confrontación abierta

José Longinos Martínez indica en su carta a Sessé fechada en México a 31 de marzo de 1790 que se encuentra enfermo (Documento 8, Sección 4.8). Sólo hay una manera de verificarlo. Adjuntando un certificado médico como el que se presenta en el Documento 9 (Sección 4.9).

Por lo demás, en su carta (Documento 8) se preocupa por el abandono sufrido por los animales e indica a Sessé su desconfianza por su proceder en relación con la Expedición:

> ...si el orgullo que Ud. me supone consistía en que Ud. no entiende de mis trabajos, me ratifico en ello y tengo para prueba después de otras muchas el desatino de remitir a la Corte una supuesta reforma que todavía no se había tratado. Esta ligereza fundada en mi desprecio la Corte si no es que también la ha ido esparciendo (sin que yo lo ignore) por más personas de nuestra capital. Y si estos sujetos por casualidad, que de otro modo no lo podrán volver a saber, se enteran de mi verdad ¿Qué crédito tomará esta Expedición? Se me cae la cara de vergüenza al considerarlo, pero de lo que no podrán prescindir es de la moderación con que cada uno obra. No respondí ayer por ser día de correspondencia de mis tercianas y por no estar para ello.

Por su parte, en su carta fechada en México 1 de abril de 1790 (Documento 10, Sección 4.10), breve pero violenta para ir dirigida a un enfermo, Sessé continúa con sus epítetos, órdenes y amenazas:

> *Si Vd. se halla en estado las verá antes de su partida y escucharé gustoso cualquiera corrección que Vd. haga y me parezca oportuna para darle nuevos ejemplos de humildad y moderación.*
>
> *Además de que yo no me considero sujeto al acuerdo de un subalterno que me trata de ignorante y hasta aquí se ha desdeñado de mí sin mi dictamen.*

El **compañero** es ahora **subalterno** y quien escribe se encuentra en un nivel superior:

> *Al paso que las que existen en mi casa y usted supone perdidas se conservan en muy buen estado a excepción de cuatro o cinco...*
>
> *Para esto es preciso anticipar las descripciones que sabré yo hacer ya que Vd. se haya imposibilitado.*

Para terminar poniéndose a sí mismo como ejemplo:

> *Es mucha libertad decirme que tiene usted contadas las piezas de los cajones que existen en mi casa, pero yo la celebro por tal de que conozca usted la integridad de su dirección y le sirva de modelo.*
> *Martín de Sessé*

Pero la acusación formal del jefe de la Expedición al virrey sobre la conducta de uno de sus miembros, José Longinos Martínez Garrido, la tenemos en el Documento 11 (Sessé a Revillagigedo, 6 de abril 1790; Sección 4.11). Viudo a los pocos meses de incorporarse en la expedición y después enfermo, el naturalista ha cometido la osadía de enfrentarse con Sessé. Entre ambos hay diferencias que el reglamento no aclara. Para el naturalista, su trabajo no tiene otra dirección que la suya propia y el director se debe ocupar de asuntos administrativos; para Sessé,

89

por el contrario, el director es un superior y jerárquicamente, como en la escala militar, tiene autoridad para decidir sobre las actividades de sus súbditos.

Las comparaciones florecen aquí desde el primer párrafo:

> ... *presentando mi contestación con este individuo en la cual se manifiestan claramente mi tolerancia y su desahogo, mi moderación y su poco respeto, mi celo y su descuido en el cumplimiento de la obligación.*

Una de sus quejas tiene que ver con la pura obediencia. Ya habíamos visto antes que Sessé quería que los miembros de la expedición se reuniesen para trabajar en su casa. Esto, sin duda los haría más dóciles. Pero José Longinos Martínez Garrido se niega:

> *Fundado en esos principios ha excusado comunicarme ninguno de sus trabajos y concurrir a mi casa con los demás subalternos, para el arreglo, y consulta de las dudas que ocurran, resultando de esta independencia, preferir el ejercicio de su Facultad en el público al cumplimiento de la obligación;*

Y es que, aunque las instrucciones no aclaren puntualmente las obligaciones de unos y de otros, de ninguna manera obligan al naturalista a acudir a la casa del director. Máxime teniendo en cuenta que este se muestra despectivo hacia su trabajo:

> *Las resultas han calificado muy pronto ambos recelos, como puede VE leer, pidiéndole el libro de sus observaciones, y haciendo reconocer los cajones que trajo de Acapulco. Allí verá VE que todavía no se han descrito los objetos que correspondían al año pasado, cuanto menos los colectados en este, y aquí se encontrarán Pargos, rayas, tiburones, agujas, salmonetes, y otras producciones de esta naturaleza, que sólo pudieron haberse cargado con el designio de llenar su Gabinete, dimanando de esta numerosa, atropellada e inútil colección haber faltado tiempo para determinar, disecar, dibujar y describir ocho piezas que entre más de*

*ciento aparecen solamente dignas del Real Gabinete, y dificultarme ahora hacerlo con la perfección debida, porque la mucha sal que brotan, y fue su única preparación, ha desfigurado, y consumido el brillo de los diferentes colores, que constituyen su hermosura, y en que muchas veces están fundados los caracteres específicos que los distinguen.*

A pesar de que en ningún momento el director demuestra tener él mismo conocimientos superiores, sino que sus comentarios indican ostentosamente todo lo contrario:

> *El descargo de estas faltas es mi ignorancia como si para el discernimiento de los referidos objetos no bastase haberse alimentado de ellos muchos años, además de que en el caso presente no puedo hacerme tan gran favor que no me reconozca bastante instruido para dar lecciones a quien con tanto desahogo, y poco fundamento degrada el mérito de mi aplicación. Para no haber descrito los Animales remitidos a España el año pasado, se disculpa con la falta de salud, y libros, no habiéndosele escaseado alguno de cuantos poseemos y han sido suficientes para que la Expedición en sus largas ausencias haya determinado y descrito cuantas producciones se le han presentado con la propiedad que puede verse.*

Sessé apela solamente a la autoridad pero en ningún momento ha demostrado sus conocimientos; ni tampoco se le ha exigido certificación alguna como se hiciera con Longinos al examinarse en Madrid y después presentar ante el Protomedicato sus certificados de cirujano y de álgebra (Izquierdo, 1955). Por otra parte, el gabinete de 1790 dispuesto en la calle de Plateros, habla alto y claro de la sapiencia de Longinos y de su capacidad de trabajo. La Gaceta de México ya había publicado el éxito de la muestra expuesta precisamente en ese mismo año (Constantino, 2014). Sessé se muestra más capaz de criticarlo que de superarlo. No obstante propone al virrey que haga caer un castigo sobre el naturalista y lo hace precisamente en *"obsequio de mi honor, de mi aplicación y de mi empleo"*:

> En vista de lo expuesto, VE se servirá tomar las providencias que fueran de su superior agrado para evitar este descuido en lo sucesivo, y para que este individuo conozca la subordinación en que consiste el adelantamiento de la comisión para el que contribuirá mucho el que cada uno lleve un diario de sus trabajos, el cual presente en limpio después de corregir para remitirlo anualmente a la Corte. Así habrá constancia de lo (que) cada uno trabaja y servirá de estímulo para que todos se esmeren en su respectiva obligación, y sepan que el mérito propio ha de ser quien gradúe la gloria de cada uno en particular. Si en obsequio de mi honor, de mi aplicación y de mi empleo, quiere VE concederme el gusto de demostrarle al Naturalista ante VE o la persona que fuese de su superior agrado las equivocaciones que padeció, en que insiste, y me imputa en la corrección que hice de veinte Aves remitidas a la Corte, será la satisfacción que más puedo agradecer a VE y el castigo más propio de la infundada confianza con que me reta, y trata de ignorante.
>
> Dios que la vida de VE m. a. México y Abril 6 de 1790.

El naturalista se refiere a sí mismo en tercera persona cuando, en respuesta a la queja presentada por Sessé a Revillagigedo, presenta un riguroso pliego de descargos en su carta al virrey (Documento 12; Longinos al virrey 23 de mayo de 1790; Sección 4.12).

En esta carta, ni corto ni perezoso, después de una seria presentación del caso reclama su igualdad en relación con el director de la Expedición:

> Y comenzando por los títulos; lo que en ellos se toca es la igualdad entre los dos en concepto del Soberano, y que no hay distinción en nuestras prerrogativas. De modo que ni por dichos títulos (que es el documento más atendible) se concibe que el dr. Sessé deba ser mi subordinado o dependiente, ni menos el que yo pueda como naturalista serlo suyo...

*Por eso debe admirar que el propio dr. atribuya a soberbia mía lo que no ha sido otra cosa que una sencilla oposición a sus designios y malformados conceptos. Por eso escandaliza que el mismo dr. reciba como ultrajes de la autoridad que ostenta, el recuerdo que continuamente le he hecho a los canceles en que ambos nos debemos contener.*

*Estos son efectos de la ignorancia confesada por el propio Director y de su autoridad mal entendida.*

*Por lo que venimos a parar en que lo que quiere mi acusador, es que le tengamos por director, por Naturalista, y por Botánico, y que cuanto se dirija a oscurecer esa aprensión (no obstante lo que su misma confesión lo perjudica), se debe reputar altanería, soberbia e inobediencia.*

Se queja del mal trato recibido a consecuencia de su interés en el Gabinete. Dicho Gabinete tuvo un enorme éxito e incluso fue comentado en España y constituye el primer Museo de Historia Natural en el continente americano (Constantino, 2014) y la oposición de Sessé a que el naturalista lo lleve a cabo es motivo de preocupación constante en éste.

Acusa el naturalista a Sessé de algunos comportamientos irregulares, tales como esa importante cuestión que volveremos a tocar más adelante que es la entrega de materiales a particulares:

*Ojala y el Director se hubiera de este modo portado y hecho sus remisiones al Soberano y no a personas particulares de que si fuera necesario podría yo producir algunas listas.*

Obrepciones y subrepciones:

*Se ha empeñado el dr. don Martín de Sessé en informar a VE con las obrepciones y subrepciones que le sugiere su encono a mi persona. El calla haberle yo llevado la lista que ahora acompaño con citas de autores y con los nombres vulgares que se encargan en los aforismos de Linneo. Calla que le pareció muy bien, y que igualmente bien le parecieron los dibujos. Calla que también se conformó en que las descripciones no fueran hasta hacerse con presencia de los libros que se esperaban de España: Y por último calla (porque así todo le conviene) que no es mi obligación pasar a su casa y describir allí deprisa y corriendo con los libros que hay en ella; sino que estos deben pasarse a la mía con arreglo a las instrucciones.*

*Por eso me causa admiración que en medio de tantas subrepciones me venga a sacar delincuente porque no pasé a su habitación a altercaciones y por porfiar (como lo tenía de experiencia); porque no iba como un muchacho cualquiera a registrar libros que podía y debía examinar en mi casa con meditación detenida; y porque no me comprometía a todo aquello atropellando con mi salud, entonces más que nunca notoriamente debilitada: Lugar oportuno para descubrir otra sinrazón y otra ignorancia de Sessé.*

Pero, sobre todo, el naturalista propone a Sessé el modo de actuar que considera correcto:

*Distinguiera tiempos el Director: distinguiera motivos, y los ministrara como debe justicia, y a buen seguro que no me acriminara tan cruel como me acrimina. Vuelva los ojos a mis descripciones, que por falta de salud y de libros que el mismo acusador me niega, no han recibido la última mano y creo que no tendrá valor otra vez para correr tanta ligereza su pluma.*

Modo de actuar que, de haberse llevado a cabo habría evitado los problemas que han encontrado los historiadores de la ciencia al resolver quién era el autor de cada una de las descripciones puesto que se atribuyeron a Sessé y Mociño resultados que pertenecían a Cervantes, a Longinos y a otros miembros de la Expedición (ver por ejemplo el artículo escrito por de Vázquez y Gutiérrez, 2010 y recordar también la carta de Humboldt a Bonpland que habíamos leído en el apartado 1.9). Se pone de nuevo de manifiesto el contraste entre los modales del naturalista, metódico, científico y los autoritarios del director, pero la cuestión no acaba ahí. Más que todo ello, en definitiva, Longinos Martínez da cuenta de lo que hoy se considera un caso de acoso laboral, *mobbing*:

*No obsta contra lo expuesto aquella réplica que hace sobre no haberme faltado libros ni salud como lo acredita mi oferta en la Gaceta, y haber carecido de todo para lo que es mi obligación. Repito que el Director me aborrece, y que mira por eso a mí y a mis cosas con los ojos muy enfermos. Mi oferta en La Gaceta no expresaba ni aún suponía que tenía completa la obra. Véase la nota que dictó mi ingenuidad. Yo entonces contaba con libros que tendría, contaba con una buena salud, y esto bastaba para aquel ofrecimiento con mi estudio de no pocos años en autores que efectivamente tengo exquisitos si bien me faltan otros muy necesarios, que no he comprado por su muy alto precio, como que son libros de facultad nada trillada compuestos de muy particulares láminas, y a que se dedican muy pocos.*

*Válgale Dios y lo que ha dado que hacer al Director el Gabinete de Longinos. Él sin duda es desmemoriado y mucho más lo es en lo que mira a mi honor y a la gloria de la Nación. Sólo se acuerda de lo que puede glosar en ultraje y oprobio mío; y no tiene presente lo que me favorece y proporciona. Por eso no hace memoria de haberme negado el célebre Brisson de aves, que habría notablemente contribuido al desempeño de mi particular instituto; siendo lo más notable haberme negado este autor que no es suyo sino de aquellos que por obligación debe darme.*

La carta contiene acusaciones muy graves de las que vamos a destacar:

1.- Las dos principales que son ignorancia de la materia y abuso de autoridad por parte del director.

*Por eso debe admirar que el propio dr. atribuya a soberbia mía lo que no ha sido otra cosa que una sencilla oposición a sus designios y malformados conceptos. Por eso escandaliza* que el mismo dr. reciba como ultrajes de la autoridad que ostenta, el recuerdo que continuamente le he hecho a los canceles en que ambos nos debemos contener. Y finalmente por eso se asombra la misma admiración al ver que sea tanto el aire de que su cabeza se ha llenado, que sin permitirle reflexionar la ignorancia que confiesa (a que doy asenso y por la que no me ha parecido exponer mis obras a su previa aprobación) tenga atrevimiento y valor para increparme en los términos que se ven en su carta (núm. 3) los mismos que descubren la abundancia de su corazón y las causas impulsiva y final de sus representaciones.

Dije a Vd. (son sus palabras en el D. 3º de dicha carta) que si recelaba algún demérito en los pájaros contenidos en el cajón, los colocara a su gusto en mis estantes, practicando con ello lo que estimase oportuno a su conservación, e imponiendo al Catedrático de dicha diligencia para que en su ausencia estuviere al cuidado de ellos. Antes dije que si recelaba algún demérito; y ahora mando que se haga aunque Vd. juzgue que hay riesgo en practicarlo. <u>Y tenga Ud. entendido que se aventura menos en la pérdida de los cuatro pajarillos comunes que contienen, que en el desaire de mi autoridad.</u> ¿Y podrá en vista de esto dudarse que sobre ser arrebatado, imperioso y provocativo el genio del dr. Sessé hace gala de emplearlo más en ostentar el mando y la autoridad, que en que se logre como es muy justo el loable objeto a que hemos sido venidos? V. Excelencia lo calificará sin perder jamás de vista que no eran pajarillos esos de que habla sino unas exquisitas producciones que el dr. Sessé no es capaz de conocer, ni tampoco los tiempos de su propio uso, hasta llegar sin riesgo a encajonarse: Por lo que venimos a parar en que lo que quiere mi acusador, es que le tengamos por director, por Naturalista, y por Botánico, y que cuanto se dirija a oscurecer esa aprensión ( no obstante lo que su misma confesión lo perjudica), se debe reputar altanería, soberbia e inobediencia.

Nos enfrentamos aquí con un falso principio de autoridad. Algunos malos gobernantes de igual modo así se refieren cuando enfrentan a un pueblo ofendido diciendo hipócritamente: "respeten mi investidura". Esas palabras no dicen nada. Más científico hubiera sido el conocer a fondo la descripción valiosa de una nueva especie de aves y de ninguna manera referirlas despectivamente a estos como "pajarillos".

2.- Las dos acusaciones anteriores traen como consecuencia la incapacidad para dirigir una empresa científica:

> *¿Qué más que habiéndome querido dar lecciones sobre el conocimiento de Peces, y la elección de ellos haber separado de propia autoridad solos ocho de ciento y veinte y tantos que colecté, siendo así que todos eran utilísimos y dignos de colectarse? ¿Qué más que valerse para ese despotismo del pretexto frívolo de que son peces comunes, sin otra razón ni fundamento que haber visto los papeles en sus picos? Hubiera sido otra la pericia del Director, y otra su imparcialidad conmigo, y abríase detenido a reflexionar que allí iban salmonetes de libra y media, y dos libras, de color amarillo, y por eso nada comunes, y Pargos con el lomo azul que en España ciertísimamente no habrá visto.*

Al leer estos fragmentos queda claro que cuando se trata de la Expedición y se refieren los documentos a ella como la de Sessé y Mociño, los historiadores o bien no han leído estos documentos y otros similares o, si lo han hecho, ha sido más con la intención de mantener las cosas en su sitio que de conocer la historia. Se entiende por ello que hay que mantener limpio de toda culpa a toda costa a Sessé, por haber sido él la autoridad.

3.- Y como consecuencia de la acusación anterior, un comportamiento irregular que lleva a la entrega de ejemplares de la colección a particulares:

> *Ojala y el Director se hubiera de este modo portado y hecho sus remisiones al Soberano y no a personas particulares de que si fuera necesario podría yo producir algunas listas. Pero adelante: No es mi ánimo acusar sino únicamente defenderme de inicuas acusaciones; y por eso descargado ya*

*a mi parecer de algunos de los capítulos, me encargaré en breve de los otros que me faltan.*

Esto es muy grave. Sessé estuvo donando las riquezas de la expedición a particulares, sólo mediante comportamientos así de arbitrarios se compran las voluntades en el banco de favores. Pero en una carta posterior, escrita precisamente antes de salir para una expedición en solitario, José Longinos Martínez Garrido volverá sobre el tema y ahí dará las listas prometidas.

Pongamos ahora atención a los párrafos finales de la carta en donde se aprecia la firmeza del naturalista y se viene a dar la razón a Jean Jacques Rousseau cuando afirmaba que un idiota no puede mandar sobre un sabio. Sessé no debió meterse con Longinos en un terreno que ciertamente desconocía. Revillagigedo aun siendo un buen gobernante, no le dio la razón a Longinos, pero tampoco lo castigó:

*Por eso me causa admiración que en medio de tantas subrepciones me venga a sacar delincuente porque no pasé a su habitación a altercaciones y por porfiar (como lo tenía de experiencia); porque no iba como un muchacho cualquiera a registrar libros que podía y debía examinar en mi casa con meditación detenida; y porque no me comprometía a todo aquello atropellando con mi salud, entonces más que nunca notoriamente debilitada: Lugar oportuno para descubrir otra sinrazón y otra ignorancia de Sessé.*

*El no distingue desde luego de lo que es de cual vista de ojos para la disecación, y lo que es la misma vista para la descripción del objeto. No quiere entender que para esto segundo bastaría en el punto tomar los apuntes necesarios para explicar después las respectivas naturalezas y cualidades; y que para lo primero obra de otra manera el trabajo del profesor. Distinguiera tiempos el Director: distinguiera motivos, y los ministrara como debe justicia, y a buen seguro que no me acriminara tan cruel como me acrimina. Vuelva los ojos a mis descripciones, que por falta de salud y de libros que el mismo acusador me niega, no han* recibido la última mano y creo que no tendrá valor otra vez para correr tanta ligereza su pluma.

No obsta contra lo expuesto aquella réplica que hace sobre no haberme faltado libros ni salud como lo acredita mi oferta en la Gaceta, y haber carecido de todo para lo que es mi obligación. Repito que el Director me aborrece, y que mira por eso a mí y a mis cosas con los ojos muy enfermos. Mi oferta en La Gaceta no expresaba ni aún suponía que tenía completa la obra. Véase la nota que dictó mi ingenuidad. Yo entonces contaba con libros que tendría, contaba con una buena salud, y esto bastaba para aquel ofrecimiento con mi estudio de no pocos años en autores que efectivamente tengo exquisitos si bien me faltan otros muy necesarios, que no he comprado por su muy alto precio, como que son libros de facultad nada trillada compuestos de muy particulares láminas, y a que se dedican muy pocos.

Válgale Dios y lo que ha dado que hacer al Director el Gabinete de Longinos. Él sin duda es desmemoriado y mucho más lo es en lo que mira a mi honor y a la gloria de la Nación. Sólo se acuerda de lo que puede glosar en ultraje y oprobio mío; y no tiene presente lo que me favorece y proporciona. Por eso no hace memoria de haberme negado el célebre Brisson de aves, que habría notablemente contribuido al desempeño de mi particular instituto; siendo lo más notable haberme negado este autor que no es suyo sino de aquellos que por obligación debe darme.

Por eso no se acuerda de la distribución que debe hacer del tiempo en honor y conciencia desde nuestra llegada a este Reino y del empleo que hemos hecho del mismo tiempo Yo y el acusador don Martín. Si obrara de buena fe representaría a V. Excelencia que en los diez meses primeros que no se pudieron aprovechar, ni yo tenía en ellos en qué ejercitar mi ciencia, lo hice loablemente y con aprovechamiento de otros en disponer el desgraciado Gabinete que tan mal le ha parecido. Menos malo fue eso que si me hubiera dedicado a paseos y diversiones como lo hizo mi director. Obraría de buena fe si representara a V. Excelencia que en los otros meses en que sin culpa mía no pude ejercitar mi ciencia, me dediqué a la Botánica, ya porque no había otro que pudiera hacerlo, y ya porque me pareció regular en vez de estarme ocioso, servir en aquello a la misma Expedición.

Obraría de buena fe si hubiera representado a V Excelencia que en todos los tiempos indistintamente dediqué a dicho mi Gabinete las horas (libres) ordinarias. Ocupaba en eso aquellas horas que podía haber ocupado impunemente en bailes y comedias: Y por último, obraría de buena fe, si hubiera representado a V. Excelencia que en nada por todo lo dicho gravé al Rey; pues al mismo tiempo que apliqué para el tal Gabinete mis sudores, apliqué también mis sueldos, mis empeños y mis súplicas.

Bien lo conoce así en su interior el expresado don Martín, y por eso me tira por otra parte los golpes, aunque con igual desgracia: Pero aún en eso es mi ánimo disculparlo. ¿Qué ha de hacer un corazón emponzoñado enemigo de Longinos, sino suponer lo que no hay y atribuir a mala parte aquello mismo que ignora? Y ve la razón por que levantando un falso testimonio a don Casimiro Ortega no ha presentado la carta que de este se refiere, y la misma con que se propuso malquistar a mi honor y mi conducta; sucediendo esto propio cerca de aquel misterio que tanto le ha dado que hacer y en que Vuestra Excelencia se halla muy bien impuesto, como que es el Jefe Superior a quien me mandan ocurrir las mismas instrucciones.

Me he detenido Señor Excelentísimo más de lo que quisiera, porque me causa imponderable dolor que después de haber sacrificado mi salud en servicio del Rey, pretenda el dr. Sessé sea el premio mi subordinación a sus pensamientos con que seguramente lograría el perverso fin de desacreditarme pero se alientan mis esperanzas conociendo que la discreción de Vuestra Excelencia no ha de permitir tan extraviados proyectos. Yo ciertamente no alcanzo la utilidad que se siga de que el Doctor Sessé dirija la Expedición, y antes bien comprendo que es tan excusado para esto como lo fue para lo farmacéutico don Jaime Senseve, a quien por lo mismo se le mandó separar.

Y confirmo este pensamiento en vista (a más de otras reflexiones) de haber proporcionado este director estuviera la Expedición sólo quince días en Acapulco, siendo así que quince meses hubieran sido pocos y siendo así también que en otros pueblos sumamente estériles como San Ángel, San Agustín de las Cuevas y semejantes, fue nuestra mansión tan larga como molesta. Pero como en medio de todo no pretendo perjudicarle ni por lo propio debo meterme en averiguar cuál sea su obra respectiva y propia de su trabajo que deba remitir a España como las instrucciones previenen, contraeré mi reverente súplica a los términos siguientes.

Ruego pues a V Excelencia se sirva mandar al acusador don Martín que en lo sucesivo arregle sus pedimentos a la justicia y verdad: Que viva entendido de que yo soy solo el Naturalista nombrado por el Rey, y que por eso debe darme los libros que le pida y dejarme obrar como en honor y conciencia me parezca; que no me incomode ni me precise a concurrencias a su casa, principalmente cuando estas se dirijan a puntos de la ciencia natural en que el mismo se confiesa ignorante, a que debo añadir que lo es también en el idioma Mexicano; y que en consecuencia de todo me guarde las prerrogativas que en mi título se me conceden, y las mismas que en nada quedarían si siguiera tratándome como a un trapo, y dándome en lugar de gracias tan repetidos disgustos.

Y por lo mucho que conduce a este fin, y a los demás que comprende esta representación, debo recomendar a la superioridad de Vuestra Excelencia, haber el Director propuesto algunos individuos para la presente Expedición sin haber conferido conmigo, ni previniéndome si alguno de ellos pasaba en calidad de mi discípulo, pues en este caso principalmente debió esperar mi anuencia, no sólo porque era yo el que lo había de enseñar, sino también por ser en mi concepto este uno de los casos del artículo 7º de Instrucciones en que debe determinarse por pluralidad de votos.

Y en atención a todo, y a que las dos notificaciones que presento con la solemnidad y juramento necesario acreditan cuál es y ha sido el estado de mi salud contra lo que repetidamente afirma el Director.

A Vuestra Excelencia suplico se sirva proveer y declarar como llevo pedido. Juro lo nec. Dios guarde la vida de vuestra Excelencia muchos años. México y mayo 23 1790.

José Longinos Martínez

Y fijémonos que, entre las acusaciones de José Longinos Martínez Garrido se encuentra la de haber propuesto el Director algunos individuos para la Expedición sin haber contado con los demás miembros y da cuenta del artículo 7º de Instrucciones en que se menciona que esto debe hacerse por pluralidad de votos, lógico si se tiene en cuenta que las nuevas incorporaciones se habrán de formar con los profesionales que ya forman parte de la expedición. No es tampoco menor la comparación que hace del director con Senseve, indicando que ambos tienen utilidades semejantes en la Expedición.

### 3.6. La actuación de Martín de Sessé en la Expedición. Cuarta parte: Resolución del conflicto con José Longinos Martínez

Una carta, aparentemente cortés y normal, puede encerrar en su interior un detalle emponzoñado: La petición al virrey para que sea él mismo quien ordene los detalles sobre el trabajo de los expedicionarios de modo que beneficie a Sessé. El director muestra así en su carta al virrey firmada en Valladolid 16 de agosto de 1790 (Documento 13) una debilidad reclamando la actuación del virrey a su favor. Otra debilidad consiste en que ya no pone énfasis en que todos trabajen juntos; al contrario, ahora le viene bien que estén separados (recuerden que la contradicción es una de sus características principales). Muestra así que, tal y como había argumentado José Longinos Martínez, sus exigencias anteriores no eran reglamentarias:

*Sin embargo, como no en todos influye un mismo espíritu, me parece oportuno se sirva VE mandar que cada individuo trabaje por separado sus observaciones, las que corregidas deberán unirse a la obra principal. Esta constancia del mérito de cada uno hará que todos se empeñen con el mayor tesón, y que nadie viva con recelo de que otro puede usurparle la gloria que le corresponde. Pudierais mandarlo, pues las instrucciones lo indican, pero temo desagradar más a los malcontentos y que alguno me vindique de ambicioso en el mismo hecho que procuro eximirme de esta nota. Además de que nunca el precepto es tan enérgico, ni se ve observar con tanta exactitud, como cuando dimana de la autoridad de VE.*

Hemos visto y veremos más ejemplos de cómo el director procura que la dirección recaiga sobre el virrey, lo cual es prueba de su incapacidad. Una debilidad adicional, y no la menos importante, de Sessé es su desinterés por la Ciencia, tema prácticamente ausente en su correspondencia. En particular la falta de interés por la Botánica se pone de manifiesto al comienzo de la carta cuando indica:

*Son pocas las plantas raras que se han visto en esta excursión por la mucha analogía de los montes transitados, y los reconocidos en años anteriores; a que también ha contribuido la tardanza de las aguas, porque en todas partes vimos suspensa la vegetación hasta el mes pasado. En la parte occidental de estas provincias y costa del sur, por donde camino mañana, pienso trabajar con mejor suceso, tanto por la gran diferencia de climas, como por la mayor prodigalidad con que la naturaleza se presenta siempre en estado de ocupar los ojos del curioso observador.*

Lo cual no es correcto. La flora del valle de México es muy diversa y la escasez de lluvias no habría impedido apreciar la riqueza florística.

La carta ofrece al final una muestra del arte de la persuasión, como diciendo: Ayúdeme a controlar la situación puesto que yo sí soy fiel a mis gobernantes y con mi ignorancia no peco de desobediencia ni soberbia pues nunca estaré por encima de la inteligencia de su excelencia. Insiste en la inquietante posibilidad de que alguien vaya a usurpar la gloria que a otro corresponde:

> *Animan esta resolución el ejemplo de VE y la esperanza de su protección si cada uno logra cumplir como se promete.*
>
> *Sin embargo, como no en todos influye un mismo espíritu, me parece oportuno se sirva VE mandar que cada individuo trabaje por separado sus observaciones, las que corregidas deberán unirse a la obra principal. Esta constancia del mérito de cada uno hará que todos se empeñen con el mayor tesón, y que nadie viva con recelo de que otro puede usurparle la gloria que le corresponde. Pudierais mandarlo, pues las instrucciones lo indican, pero temo desagradar más a los malcontentos y que alguno me vindique de ambicioso en el mismo hecho que procuro eximirme de esta nota. Además de que nunca el precepto es tan enérgico, ni se ve observar con tanta exactitud, como cuando dimana de la autoridad de VE.*
>
> *Quedo pidiendo al todopoderoso nos conserve la importante vida de VE. Valladolid 16 de agosto de 1790.*
>
> *Excmo Sr Blm de Ve*
> *Su más atento y humilde servidor*
> *Martín de Sessé*

La carta de José Longinos al virrey de 29 de Octubre de 1790 (Documento 14; Sección 4.14) constituye un buen ejemplo del trabajo del naturalista. En la de 15 de noviembre al virrey (Documento 15; Sección 4.15) presenta el estado de la cuestión y expresa su intención de salir de viaje hacia San Blas y Californias. Tanto Sessé como el fiscal están ahora de acuerdo en que el viaje se realice de manera separada del resto de la Expedición (Documentos 16, 17 y 18; Secciones 4.16, 4.17 y 4.18). El 20 de enero de 1791 José Longinos Martínez Garrido parte con Jaime

Senseve de México, no sin antes haber descrito en una carta al virrey el destino de las producciones procedentes de su trabajo en Acapulco que Sessé ha regalado o malgastado (Documento 19; Sección 4.19).

La intención de Sessé de separar la Expedición se manifiesta ya sin reparos en su carta al virrey con fecha de 12 de enero de 1791 (Documento 17; Sección 4.17), lo cual prueba que sus exigencias anteriores, y en particular la pretensión de mantener al naturalista sometido y trabajando en su casa, eran arbitrarias.
El deseo (puesto que deseo se trata y no necesidad del servicio) consiste ahora en que Longinos vaya por separado; es decir, lo contrario que unos meses antes. El trato a su compañero de expedición es vejatorio en la carta de Sessé al virrey. Fechada en Zapotlán 13 de febrero de 1791 (Documento 18; Sección 4.18) dice:

> *Siento verme en la precisión de degradar el concepto en que se haya este individuo, aunque sea por el artificio y perspectiva, y poca inteligencia de algunos que, asomados en su Gabinete, han querido graduar el mérito de la Historia Natural por el mecanismo de sus manos, al modo de aquellos eruditos que analizan y censuran una obra por la pasta que la cubre, encuadernación y carácter de letra en que está impresa (párrafo tachado). Pero también miro con dolor que, en cuatro años, no haya contado la pluma para describir su primera observación, y que haya querido autorizarse para continuar este daño comiéndole al Rey el sueldo ocupado solamente en el interés de sus particulares ideas.*

Y también:

> *A vista de cuanto vuesa excelencia me previene, y manda en sus dos superiores oficios, de 12 y 18 del pasado que recibí con algún atraso, me parece justo exponer a vuesa excelencia algunas razones que encuentro, no para que Longinos deje de viajar separado de la expedición (pues, antes, esto es importantísimo a la quietud de todos), sino*

> *para no acceder a la entrega de los libros que viciosamente demanda con el siniestro fin de impedir o cerrar todas las puertas a esta expedición para que no continúe trabajando en aquellos ramos que por capricho se quiere adjudicar, sin que en las instrucciones encuentre capítulo alguno que indique tal distinción.*
>
> *El principal objeto que se propuso el Soberano en el proyecto de este costosísimo viaje fue el de ilustrar y perfeccionar la obra del célebre doctor Hernández, que se está imprimiendo de su real cuenta y orden. Así se expresa en nuestro títulos y se nos re-encarga en los artículos 4 y 6 de la instrucción que se nos dio firmada por el señor secretario de Estado para que nos sirva de Gobierno en el orden de nuestros trabajos. Este autor escribió su obra en latín nada vulgar, de cuyo idioma no tiene don José Longinos el más remoto principio; por consiguiente se haya imposibilitado para cumplir con este importante cargo. (Siento verme en la precisión de degradar el concepto en que se haya este individuo, aunque sea por el artificio y perspectiva, y poca inteligencia de algunos que, asomados en su Gabinete, han querido graduar el mérito de la Historia Natural por el mecanismo de sus manos, al modo de aquellos eruditos que analizan y censuran una obra por la pasta que la cubre, encuadernación y carácter de letra en que está impresa (párrafo tachado)). Pero también miro con dolor que, en cuatro años, no haya contado la pluma para describir su primera observación, y que haya querido autorizarse para continuar este daño comiéndole al Rey el sueldo ocupado solamente en el interés de sus particulares ideas.*

Pero sobre todo:

> *Longinos, excelentísimo señor, no se haya con capacidad para escribir ninguna especie de obra, aunque sea en el idioma vulgar. Carece de instrucción e inteligencia en los autores maestros cuyas huellas es forzoso seguir para caminar con acierto; le falta estilo y carece de ortografía. En México ha podido encubrir esta escasez de elementos, tan*

*necesarios para ingerirse en cualesquiera ciencia, valiéndose de su compañero y mi condiscípulo D Mariano Aznares, monstruo de ingratitud que, olvidado de los mayores beneficios y convirtiéndolos en injustos resentimientos porque no hice la injusticia de proponerlo en lugar de Senseve, sin haber saludado la Botánica y con agravio de los que habían dado públicas muestras de su adelantamiento en ella, fomentó la insurrección de Longinos, cooperó al proyecto de Gabinete y extendió los capítulos insertos en la Gazeta (olvidando aquel de su principal obligación, se distrajo la mitad del año de 89 y todo el de 90) sobre este punto, en los que Longinos aparece con distinto colorido del que tiene para con los ignorantes de esta trampa.*

Sigue el mismo tono ofensivo en varios párrafos adicionales pero en el anterior ha quedado claro que Longinos no es el único objeto de las iras de Sessé. Aquí se ha mencionado también a D Mariano Aznares, monstruo de ingratitud. Por otra parte, lo que ya se ha resuelto es que Longinos puede viajar solo. Habiendo cedido en esto, el director aprovecha para tratar mal al naturalista, diciendo de él que sólo será útil si viaja con un botánico:

*Para que don José Longinos pueda trabajar separado y con alguna utilidad, conviene que se le agregue uno de los dos botánicos (sic.) que me acompañan. Con el auxilio de éste, podrá entenderse e ilustrarse la obra del doctor Hernández, se describirán los objetos en el mismo idioma que aquel insigne español y es el que usamos todas las expediciones costeadas por Su Majestad a imitación del modelo que cada una tiene de la corte. Al mismo tiempo podrán ocuparse en la especulación de plantas y demás objetos naturales, como lo hará mi división, y es seguramente el mejor medio para asegurar nuestros descubrimientos, pudiéndose considerar que las dos divisiones serán dos exploraciones completas.*

Y comparándolo con el Conde de Buffon, y otros célebres naturalistas, *que no viajeros:*

> *En este caso, es indispensable que lleven uno de los dos dibujantes que me acompañan, porque las plantas, que deben mirarse con preferencia, no sufran la dilación que los animales disecados, los que a cualquier hora podrían dibujarse si están bien preparados. Así, vemos que la mayor parte de las láminas contenidas en las más famosas obras del Conde de Buffon, y otros célebres naturalistas, que no viajeros, han sido sacadas de los objetos contenidos en los gabinetes. Pero, perseverando unido este cuerpo de expedición, se hace imposible que un solo dibujante pueda delinear la multitud de objetos que a cada uno se le presentan. Ocupados los dos incesantemente en solas las producciones desconocidas en Europa, ningún año han podido concluir sus duplicados y actualmente se hallan con el residuo de más de ciento. Si, no obstante esa consideración, vuesa excelencia tiene a bien que, para solo Longinos cuyos trabajos dan espera, se destine un dibujante, suplico a vuesa excelencia se sirva mandar que lo saque de esa Academia y que se le pague de mi sueldo a fin de que esta obra no tenga interrupción, ni deje de continuarse con toda la extensión que se ha emprendido.*

Y, no obstante, no renuncia a disponer de los resultados del trabajo del naturalista, sino que, al contrario, pide al virrey que garantice que este se los entregará, con la pretensión de corregirlos:

> *Si para obviar el gran atraso que ha de tener la edición de esta obra, siempre que desde aquí no vaya con algún arreglo, y para ahorrar los crecidos gastos de nuestros sueldos, que han de abonársenos por el erario en todo aquel intermedio, estima vuesa excelencia oportuno, como a mí me lo parece, que Longinos o su división, me remitan mensualmente sus observaciones con los dibujos y esqueletos para que, corregidas o anotadas por mí, como previene el capítulo de las instrucciones, se vayan incorporando en los respectivos volúmenes de la obra principal, se servirá vuesa excelencia mandarlo, como también que en tal caso no puedan las dos divisiones separarse a mayor distancia que la*

de veinte o treinta leguas, previniendo, al mismo tiempo, quién debe marcar los rumbos o distritos a que cada uno debe dirigirse.

En el momento de escribir esta carta (13 de febrero de 1791), Sessé y Longinos han roto ya la relación debida entre dos miembros de una misma Expedición y el director se limita a descalificar al naturalista. Está por tanto llena de adjetivos con esa finalidad, pero no se limita a usar adjetivos sino que explora en el entorno de José Longinos Martínez Garrido buscando motivos para su descalificación. El efecto es que el autor de la carta queda él mismo descalificado pues no ha sabido llevar a buen término sus relaciones con el naturalista, principal tarea en su misión de director de la Expedición.

La carta de Sessé al virrey, fechada en Guadalajara el 22 de julio de 1791 (Sección 4.20) hace referencia a la Expedición Malaspina y vuelve a cargar contra el naturalista demostrando que ya el director ha perdido totalmente el control sobre su trabajo.

La carta de Sessé al virrey de fecha 2 de julio de 1794 (Sección 4.21) es larga pero su lectura merece la pena porque en ella se hace un resumen completo de la Expedición desde sus orígenes y también sirve como recopilatorio del estilo de Sessé. Desde sus primeras líneas proliferan los ejemplos de agresividad y violencia. Sus referencias a José Longinos Martínez Garrido incluyen todo tipo de insultos y ofensas que no vamos a enumerar aquí y que podrá ver bien quien la lea. Tan sólo destacaremos dos aspectos. En primer lugar el histrionismo de Sessé que alcanza sus máximas cotas hacia el final de la carta:

> *De lo expuesto por D José Longinos Martínez resulta: que yo engañé a SM para obtener el empleo de Director; que he sido ocioso en la Expedición; que he sido transgresor y falsario de las Instrucciones; que me he valido de artificios para engañar a VE; y que en la concurrencia a mi casa le he insultado y expuesto a una ruina. Crímenes todos dignos del mayor castigo, que pido se me justifiquen, y entre tanto que*

*se me arreste y embarguen todos mis sueldos y bienes para reintegrar de ellos hasta donde alcance, lo que he percibido de la Real Hacienda durante mi comisión, y además se me castigue, como merece un mal vasallo, si por la residencia que indicaré después, resulta no haber cumplido con lo que el Rey me tiene mandado; y declaro bajo la buena fe y religión, que son los siguientes:...*

Para, a continuación, hacer una lista de sus caudales y de sus bienes. Vuelve a surgir la pregunta que ya podría haber surgido páginas atrás cuando Sessé proponía aportar financiación para la Expedición: ¿De dónde había sacado Martín de Sessé tantos bienes? ¿De dónde tanto dinero?

Y también interesa buscar ahora en esta larga y completa misiva aquella palabra que habíamos destacado unas páginas atrás...¿Recuerdan cuál? Sí, efectivamente, la palabra **compañero**. La palabra **compañero** aparece en esta carta en dos ocasiones. La primera en el punto 2, en que Sessé la utiliza para referirse a sí mismo en un verdadero juego malabar de la contradicción:

*La mayor ampliación y lenitivo que yo pude dar a las Instrucciones, para que de ningún modo sintiera la subordinación que tanto le violenta fue hacerme buen compañero, o Jefe sin otra voz que la del ejemplo, siendo el primero para todas y las más penosas tareas, como podrán informar cuantos me han seguido en los viajes.*

O sea que arteramente, tramposamente, confiesa haberse hecho compañero para que Longinos no sintiera la subordinación que tanto le violenta. Está claro que su objetivo falló estrepitosamente. La segunda vez, un poco más adelante en el punto 20, cuando al referirse a Longinos Martínez indica:

*Dice que en mi casa no se trata de la materia ni se hace nada. Es menester mucho atrevimiento para mentir de este modo, cuando pueden confundirlo, no sólo todos los compañeros, sino también algunas gentes condecoradas que me han visitado y admirado la aplicación con que cada uno* se ocupa en su ministerio. Pero...¿Qué ha de pretextar quien sólo trata de sacudir el yugo?

En definitiva que compañeros son: el propio director, como veíamos arriba y quienes apoyan su punto de vista. Sin embargo hay otra palabra que antes habíamos comparado con compañero y que aparece en esta carta en tres ocasiones. Se trata de la palabra **subalterno**. La encontramos en el punto 2 cuando, al referirse a las copias de las instrucciones dice Sessé:

> ...y como le consta al mismo Longinos, que estaba de huésped en mi casa, y vio sacar dichas copias que repartí inmediatamente a todos los subalternos firmadas del secretario don Francisco de Córdoba...

En el punto 18 cuando, en un caso ejemplar de contradicción, él mismo se pone como subalterno:

> Diga Longinos y toda la expedición qué otra superioridad codicio yo, y qué otras facultades me he abrogado más que la de trabajar, no como jefe, sino como subalterno, y la de querer que todos me imiten? Pero tiene razón Longinos: son para él estos crímenes muy graves.

Y al despedirse cuando indica:

> En dos ocasiones que se ha ofrecido presentar a VE la insolente contestación de este mal subalterno, he suplicado que no se hiciese mérito de mis insultos personales, y sólo se mirase al remedo del servicio; pero ha llegado el caso de no poderme desentender de tanta injusta, y así suplico a VE que se proceda al examen de nuestra conducta, y justificación de mis calumnias con la brevedad que exigen en un hombre de honor el sentimiento e inquietud de verse tan lastimado, gracia y justicia que espero como última prueba de la rectitud de VE.

## 3.7. Martín de Sessé y las Salas de Observaciones en los Hospitales de Naturales y de San Andrés: Propuesta

En 1798 Martín de Sessé regresa a México procedente de Cuba y propone la creación de una Sala de Observaciones en los Hospitales de Naturales y de San Andrés en donde experimentar sobre los efectos que las plantas recogidas en la Expedición tendrían sobre el organismo humano utilizando para ello a los enfermos, hombres y mujeres, pacientes del hospital. Cuenta para este efecto con el apoyo de José Mariano Mociño, médico y alumno de la Cátedra de Botánica a quien Sessé había colocado en la Expedición, José Luis Montaña, médico; Francisco Valdés, cirujano y Manuel Vasconcelos, practicante mayor. Pero en el Hospital de San Andrés hay una Junta de facultativos, presidida por José Ignacio García Jové, que no aprueba la propuesta. ¿Recuerdan que ya hemos hablado antes de José Ignacio García Jové? ¿Saben quién era? Efectivamente, José Ignacio García Jové era el presidente del Protomedicato, aquel a quien Sessé se había referido en su carta como *el tercero, que era por quien se gobernaba todo, podía ser hombre útil si empleaba mejor su talento, pero era tan mal vasallo que declamaba contra todo español "como si fuera el primogénito de Montezuma (sic.) y se le hubiera usurpado la corona de las sienes*.

La propuesta de Martín de Sessé a Juan Francisco Jarabo se presenta en el documento 22 (Sección 4.22). Los médicos José Ignacio García Jové, Mariano Aznares, Manuel Moreno y Vicente Ferrer manifestaron su disconformidad con los planteamientos de Sessé. Sus respuestas se presentan en los documentos 23, 24, 25 y 26 (secciones 4.23 a 4.26). No obstante esta oposición de los profesionales del Hospital, el virrey aprobó la propuesta de Sessé el 11 de noviembre de 1800. La sala, dirigida por Sessé, comienza sus trabajos en diciembre de 1800 (Morales Cosme, 2000).

Analizaremos a continuación los argumentos de una y otra parte. Por una parte, el planteamiento inicial de Sessé y sus argumentos. Por otra parte, los de los facultativos José Ignacio García Jové, Manuel Moreno, Mariano Aznares y Vicente Ferrer, todos ellos cirujanos del hospital. Finalmente la réplica de Sessé a todos los oficios anteriores, dirigida al director y administrador del hospital el 4 de Agosto de 1800, una larga misiva que se extiende a lo largo de 57 puntos y que de nuevo nos permitirá observar las peculiaridades del carácter de su autor. Veamos, para comenzar, la carta que Sessé escribe a Jarabo solicitando la habilitación de la Sala (Martín de Sessé a Juan Francisco Jarabo, México 28 de junio de 1800, documento 4.22).

Hay en los siete párrafos de los que consta esta carta una sólida estructura dirigida hacia la persuasión. En el primero, el autor, Martín de Sessé se presenta a sí mismo como continuador de la intención del Rey. Un objetivo impecable dirige sus intenciones:

> ...dar a conocer a sus fieles vasallos el gran tesoro de los vegetales con que la Naturaleza distinguió este suelo, y proporcionarles por este medio socorros prontos, fáciles, baratos y seguros para todas sus dolencias, sin la necesidad de mendigar los de otros parajes a costos excesivos tal vez menos eficaces, y carecer muchas veces de ellos como sucede en el día.

En el segundo, se reafirma como instrumento de la intención real: *que su bondad se dignó poner a mi cuidado...*

El tercer párrafo comienza con una cuestión dudosa que convendría aclarar:

> *Al mismo intento se han destinado, dotado y distinguido por Su Majestad con honores dos profesores en el Hospital Real de Madrid, a quienes debemos ya dos tomos de observaciones sobre las plantas de la Península.*

Para aclarar esta cuestión nos ayudará algo más adelante la lectura del punto 2 en el oficio del Licenciado Moreno, en donde dice:

> *Se objetará igualmente que SM ha agregado al Real Jardín Botánico de Madrid dos profesores para que hagan observaciones de las plantas; pero se deduce muy bien de sus mismas obras que las observaciones no las han hecho en algún Hospital, siendo fácil a SM mandarlo, si lo hubiera hallado conveniente.*

Pero sigamos con el tercer párrafo de la carta de Sessé. En él se muestra una intención que enciende todas las alarmas:

> *Desempeñarán aquí este encargo sin otro interés que el de beneficiar a la humanidad en general, e inmediatamente a sus paisanos el dr. D Luis Montaña y don José Mariano Mociño, individuo de la Expedición, siempre que VS como Director y Administrador General del Hospital de San Andrés se digne proporcionar una pequeña sala de hombres y otra de mujeres con los auxilios necesarios para la asistencia de los enfermos, que entren en ellas, y darán a VS mensualmente copia de todas sus observaciones, para que, estimándolas útiles, y teniéndolo a bien, se sirva publicarlas en obsequio de estos habitantes.*

Cada vez que alguien presume de *beneficiar a la humanidad en general* es casi seguro que está preparando alguna tropelía de consideración.

En cuanto al Doctor don Francisco Hernández, aunque ahora aparece que ha afinado mejor en las fechas, el contenido de la frase es sencillamente erróneo:

> *Por falta de un examen igual ha vivido sepultada en el olvido por el espacio de doscientos treinta años la grande obra de nuestro sabio Doctor don Francisco Hernández, y han tenido que renovarse las exploraciones de este Reino.*

El cuarto párrafo viene a resumir lo expuesto hasta ahora, y de nuevo es erróneo, puesto que las expediciones botánicas no tienen por finalidad poner a prueba nuevos remedios en los pacientes:

> *Sin este análisis a que no podrán resistir los genios más contumaces y preocupados, serían inútiles los desvelos del Soberano y los sudores de los viajantes, que han sacrificado su comodidad, y expuesto muchas veces su salud, más por la satisfacción de ser útiles a sus semejantes, que por la esperanza de cualquier otra gratificación, o premio.*

En cuanto al quinto vuelve a repetir el mismo error de dos párrafos antes:

> *Las noticias encerradas en los libros sin pasar por una experiencia reiterada y pública se leerían con desconfianza; y finalmente los crecidísimos caudales, que han causado al erario nuestras peregrinaciones, quedarían sin otro fruto, que el de la simple curiosidad y lujo para los que intentasen poseer la suntuosa Flora Mexicana que esperamos publicar a nuestro regreso a España. Por falta de un examen igual ha vivido sepultada en el olvido por el espacio de doscientos treinta años la grande obra de nuestro sabio Doctor don Francisco Hernández, y han tenido que renovarse las exploraciones de este Reino.*

En el sexto párrafo la preocupación por los pobres adquiere el aspecto enternecedor de un cuento de Disney:

> *Agraviaría manifiestamente la penetración y celo de VS por el bien de los pobres, si no le concediese el conocimiento de las ventajas, que les va a proporcionar la regla de curarse con los remedios que el Criador y conservador de todos les ha puesto a las manos como los más propios, cómodos y eficaces para las enfermedades territoriales, y si dudase un momento, que por su parte podía ponerse el menor obstáculo a un pensamiento tan piadoso, y tan genial al alma del Fundador de este Hospital, y nunca bien suspirado*

*prelado, a quien no se propuso descubrimiento alguno con apariencia de ventajoso a la humanidad, sin que abriese las puertas para abrigarlo, y ratificarlo con ardientes deseos de ver su utilidad y notoria gratitud hacia el descubridor, aunque fuese un humilde Empírico.*

Para despedirse de manera elocuente con el gusto y amor que le inspira su patriotismo:

*Estas consideraciones me hacen esperar que VS aceptará gustoso esta idea y proporcionará las dos enunciadas salas, que se necesitan para realizarla, con los auxilios necesarios por parte del Hospital, a fin de que los dos profesores encargados puedan seguir sus observaciones con el gusto y amor que les inspira su patriotismo. Dios guarde la vida de Vs muchos años. México 21 de junio de 1800. Martín de Sessé. Sr don Juan Francisco Jarabo.*

El dr. Juan Francisco Jarabo convocó una Junta de los Facultativos del Hospital (ver la sección respuestas del apartado 4.22) a la que invitó a Sessé. El propio Sessé nos cuenta:

*Se celebró la Junta con asistencia de todos. En ella dijeron los Profesores de San Andrés que se les había sorprendido. Hicieron mil elogios del proyecto y de su Autor, y pidieron tiempo para meditar sobre él, ofreciendo dar su dictamen en otra Junta, a que no les parecía conveniente que concurriesen Montaña, Mociño, ni yo, para poder explicarse ellos con más libertad. Accedimos a la repulsa sin réplica. Se verificó la Junta, y en ella produjeron las razones siguientes con otras muchas, que por frívolas o malsonantes excusaron poner bajo su firma.*

A continuación se discuten las reflexiones que hicieron por escrito los participantes en la segunda Junta.

## 3.8. Martín de Sessé y las Salas de Observaciones en los Hospitales de Naturales y de San Andrés: Respuestas

Veamos en primer lugar la respuesta del dr. Jové, presidente del Protomedicato, quien expresa su sorpresa ante la irregularidad del procedimiento:

*Cuando V. quiso oír de los Profesores destinados en el hospital de San Andrés el juicio que formaban de la solicitud que se les hizo presente del director de Botánica Sr D Martín Sessé, en mi turno expresé lo primero mi sorpresa para determinar sobre una materia, que aunque su aspecto benéfico no ofrece dificultad, me pareció desde luego haber alguna, tal que ni era fácil proponer ni resolver en lo pronto, por lo que juzgué sería conveniente diferir la consulta para mejor acordarla; lo segundo, que no era regular exponer nuestros dictámenes a presencia de los interesados quienes oirían con desagrado cualquiera proposición menos conforme a sus ideas (aunque llenas de humanidad, celo y desinterés), lo que daría ocasión a una disputa interminable, y de desazón, en que a la prudencia, o la buena crianza, o tal vez la viveza de una respuesta sofocando la fuerza de la réplica sin discutirla, obligaría a ceder, dejando aparentemente allanada toda dificultad. Cuyas consideraciones me movían a pedir el retiro de los interesados para hablar con libertad, y franqueza...*

*En efecto juntos el día cinco del corriente los profesores de la casa manifesté con cuanta claridad, y sencillez pude las razones que me ocurrían para desestimar la solicitada rectificación que en dicho Hospital se pretendía de vegetales indígenos recomendados por AA clásicos y recogidos en este Reino por la Expedición Botánica de él, en que no me propuse otro fin que el de instruir el ánimo de V para que deliberara con el conocimiento necesario fundado en el de los Profesores, pero no con el bastardo de preocuparle, ni* menos embarazar las utilidades que el pensamiento del Director ofrecía. Así lo dije y reproduje.

A continuación se excusa el dr. Jové por no dar sus razones por escrito. Explica que siendo el Presidente del Tribunal del Protomedicato estima que la disputa tendrá que acabar siendo juzgada por esta Institución.

Mariano Aznárez, por su parte, no tiene reparos en presentar sus argumentos en contra de la idea de Sessé alegando inconvenientes morales:

*En contestación al oficio que Ud. me remitió con fecha de diez del presente Julio sobre la solicitud del director de la Expedición Botánica, don Martín de Sessé, me ciño únicamente a decir que, o son nuevas las virtudes que intenta se exploren en las Plantas Indígenas, o conocidas, y por consiguiente de las usuales? Si lo primero, saltan a la vista los inconvenientes Morales de hacer experimentos en nuestros semejantes; si lo segundo, tengo por ociosas las tentativas que ha propuesto el Director, bastando el que en un breve catálogo se dé noticia de las tales Plantas Medicinales para que con la noticia de él así el proponente como los Profesores que intenta se destinen para las observaciones, y todos los demás Facultativos de México, las usen en su práctica clínica, pues si la Cátedra de Botánica ha creado útiles discípulos, a qué boticario se dirigirá un médico que no sepa surtirle de las Plantas Medicinales que produce esta región después de doce años de lecciones botánicas para la enseñanza de una ciencia a la que sin láminas ni M? se puede aprender en un año y por decisión del Proto Botánico Linneo? Que por otra parte sabemos que para semejante estudio no es necesario mucho talento sino memoria y buen método.*

El Licenciado Moreno presenta sus opiniones también contrarias a la Sala de Observaciones, alegando igualmente inconvenientes morales y más concretamente que se faltaría a la caridad propia de un hospital:

*Los médicos están obligados a curar a sus enfermos lo más breve y seguramente que sea posible: estas circunstancias son mucho más acreedoras aquellos que dejando en la miseria a sus familias, acuden a los hospitales a buscar el alivio en sus dolencias; lo que ciertamente no podría verificarse en los enfermos que se destinasen a las observaciones con objeto de rectificar las virtudes de las Plantas descubiertas en este Reino por la Expedición Botánica. ¿Quién, pues, podrá dudar que las armas que frecuentemente se usan, por así explicarme, se manejan más segura y expeditamente que las que se conocen menos, o no se conocen? Creo que en esta parte se faltaría a la caridad, primer objeto de un hospital.*

Puede que se equivoque y que a veces sea necesaria la experimentación, así recientemente se ha comprobado científicamente que el Nopal y la Chía, dos plantas provenientes de México, en efecto, coadyuvan a controlar los niveles altos de azúcar y de grasas. No obstante, al igual que el dr. Arellano, su argumento es moral. Por otra parte, este es el punto que toca precisamente el cirujano Ferrer en su respuesta:

*Los que vienen al auxilio de este Hospital, son los más desvalidos, y pobres, estos si son casados quedan sus mujeres e hijos sin que les dé el preciso y necesario sustento, que de justicia me parece deben atenderse con medicinas conocidas, prontas, y seguras, y no andarlos deteniendo en observaciones, por las regulares (?) y malas consecuencias que puede haber en el cuerpo, y quizás en el Alma.*

*Se me puede objetar a esto que como no se ha tenido esto presente en estas observaciones que en el mismo Hospital se han hecho, a lo que respondo ser cierto, que, en mi tiempo por superior mandato se observó la zanza (zarza) sin dictamen de Facultativos, pero fue determinado remedio para enfermedad prefijada, lo que el director de Botánica no hace, pues no señala remedio, Medicina, ni planta fija, y menos propone Enfermedad, y con todo, sobre la zarza se representó, y por fín se abolió.*

Y sigue explicando por qué la propuesta de Sessé tampoco se justifica en razón de la necesidad de probar nuevos medicamentos, en parte, por la falta de precisión de la misma.

### 3.9. Réplica de Sessé a todos estos oficios, dirigida al director y administrador del hospital el 4 de Agosto de 1800

La réplica de Sessé a todos estos oficios, dirigida al director y administrador del hospital el 4 de Agosto de 1800 se extiende a lo largo de 57 puntos (Documento 28; Sección 4.28). No cabe duda de que Martín Sessé se había equivocado al subestimar las cualidades de los médicos criollos novohispanos (Aceves Pastrana, 2001), pero en su réplica hace una revisión exhaustiva de la cuestión intentando destacar todos los aspectos a su favor y aprovechando para dar una respuesta a las réplicas de cada uno de los doctores del hospital. Expresa su sorpresa e indignación por la respuesta negativa obtenida a su propuesta, lo que le demuestra que en el Protomedicato no había saltimbanquis como le había sugerido Sessé a Casimiro Gómez Ortega en su presentación. Algo que le ha molestado profundamente es que se le excluya de la Junta como pone de manifiesto en sus puntos 7 y 9:

*Mas demos el caso que hubiese sospechas fundadas, de que faltaríamos a la razón, a la urbanidad, y a la decencia, y que hubiese motivos para presumir, que <u>cualquiera proposición menos conforme a nuestras ideas</u> fuese suficiente para producir de nuestra parte efectos tan perniciosos, ¿Cree V.S. que no había más arbitrio, para hacer guardar los inviolables arbitrios de la justicia, y el buen orden, que el excluirnos de la conferencia? Hasta los más legos sabemos que no se excluyen de semejantes juntas ni los partidarios más ardientes, aun cuando promuevan intereses únicamente personales; sino que se depuran (reputan) sujetos de carácter, y autoridad, que obliguen a observar puntualmente el decoro y la harmonía. El mismo hecho de darnos por excluidos sin réplica ni viva ni altanera, acredita a cualquier hombre sensato del modo menos equívoco, que mi pretensión nada encerraba de ardiente, de furiosa, ni de*

> *atropelladora como se imagina el dr. y Médico García Jové, sea por suspicacia, o sea por timidez.*

En el punto 9 ataca directamente a Jové:

> *Ha faltado pues a la atención y justicia que se nos debe el dr. y Maestro Jové, negándose a extender un voto que estaba obligado a dar de palabra en presencia nuestra, y por escrito a V.S. que la pidió como suya.*

El punto 10 por su parte es, algo paradójico procediendo de un militar, un compendio contra la autoridad:

> *Sus escrituras para eximirse de la contestación por escrito no tienen mejor apoyo que nuestra exclusión; porque decir que <u>siendo nuestro presidente, no debe sujetar sus dictámenes a nuestra censura, por ser nosotros sus subalternos, y no haber cosa más violenta a la buena razón y economía política que el sujetarse el superior a los inferiores</u>, ya ve V. S. cuán poco conforme es con la idea que todo el Público tiene, y que inspiran las mismas Leyes acerca de la Autoridad del Presidente del Proto Medicato, a quien jamás se ha tenido el insensato capricho de atribuirle la omnisciencia, y mucho menos la Divina prerrogativa de la infalibilidad. Ni el mismo dr. Jové carece de la racional modestia que a pesar de sus vastos conocimientos manifiesta casi diariamente en las Juntas de Profesores a que asiste, y en que sujeta su voto aún al de los cirujanos puramente Romancistas; como que tales consultas no se deciden por Autoridad judicial, sino únicamente por la pericia en el arte de curar.*

Y en medio de este alegato contra la autoridad acabamos de ver dibujada esa palabra clave, la palabra *subalternos*, escrita de manera que le hubiera gustado ver a Longinos Martínez, tanto aquí como en el punto 12 en donde dice:

> *Esta palabra en el uso común tiene una significación más restringida que la de súbditos, porque entendemos de*

> *ordinario por subalternos a los oficiales que tienen dependencia y sujeción inmediata a un Jefe o a un Tribunal. No sé cómo llevarán Montaña y Mociño que el dr. y Maestro Jové los llame subalternos; por lo que a mí toca, estoy tan obligado a sostener que no lo soy, como el Presidente a defender las prerrogativas de su empleo. El Proto Medicato es un Tribunal Colegial en que no tiene más fuerza el voto del que lo preside que el de cualquiera de sus colegas, y en que es inferior a la pluralidad de los contrarios. A mí no puede negársene que tengo en ese Tribunal voz activa y pasiva con que el Rey tuvo la bondad de honrarme para todos sus asuntos y de que estoy en posesión para reclamar no se me trate como a subalterno, pues estos nombres sólo cuadran bien al escribano, y al ministro ejecutor.*

Y ahí verdaderamente Sessé sabía muy bien de lo que estaba hablando. Montaña y Mociño deberían llevar mal el que Jové los llamase subalternos, al igual que José Lnginos Martínez también llevó mal el que se lo hubiese llamado. En el punto 14 toda la artillería de su retórica se emplea en contra de Jové:

> *Más para concluir lo que debo exponer en contestación a su oficio del 13 del pasado: no veo cómo puede llegar a hacerse judicial el asunto de mi propuesta para que esta presunción exima a dicho Presidente de extender por escrito el voto que confiesa él mismo haber dado de palabra, y expresa que los otros consultados reproduzcan en sus contestaciones en todo o en parte, las razones en que fundó su opinión. Pero aún en caso que llegara a ser judicial: este hecho solo confesado ya, lo excluye directamente de las prerrogativas de Juez; pues en ningún negocio, ni por derecho alguno puede serlo el que pronuncia una sentencia que, aunque no ha repetido con la pluma, declara haber dado de palabra. Esta es doctrina sentadísima y por semejantes principios hay fundamentos derivados del Derecho Natural para recusar a un Juez que ha fallado no solo sin oír a quienes podían y debían contestar, sino que apoyó su exclusión para hablar solos él y los que pensaban a su modo. Y aunque en la consulta no puede aspirar el dr. Jové a haber tenido el*

*carácter de Juez, no podrá desnudarse de la calidad de Parte contraria que por igualdad a mayoría y aún por mayoría de razón, debe desautorizarlo para juzgar decisivamente en su Tribunal.*

Todo un arsenal de retórica que parece estallar cuando párrafos después encontramos en el punto 21 el argumento magnífico:

*21. Los médicos y cirujanos del Hospital intentan combatir mi solicitud con reflexiones morales, capaces solamente de mover el espíritu débil de una Beata. Aunque no soy yo moralista de profesión, mi ética natural y la de cualquier hombre sensato me obligará a reprobar el que un Médico ignorante de la Botánica y de la Química, se arrojase temerariamente a hacer en sus semejantes, ensayos de sustancias desconocidas. En este sentido me persuado que desaprueben los moralistas el que se hagan experimentos en los hombres. Más si a estos se les hace ver, que la Botánica del día no sólo enseña a conocer a las Plantas por su faz y caracteres, sino a deducir de estos mismos y de otros principios sus propiedades; y si finalmente se les demuestra que la Química sabe poner de manifiesto cuáles sean los de cualquiera substancia, me parece que no habrá quien proscriba ni ponga bajo escrúpulo moral unas observaciones fundadas sobre estos conocimientos.*

Es decir, yo no soy moralista pero da igual porque basta con que algo se me haya ocurrido a mí o lo crea yo correcto para que eso sea, en efecto, lo correcto. Una fuerza interior, a modo de una tormenta, un volcán de la retórica vierte sus contenidos en las cartas de Sessé quien, sin duda apoyado en sus relaciones personales, llevó a cabo sus propósitos por encima de la dirección del Hospital y del Protomedicato. Un ejemplo de persuasión. Uno puede leer sus cartas y encuentra todo tipo de argumentos, y sin embargo, algo falta. Recuerdan aquella pregunta que nos hacíamos unas páginas atrás: ¿Qué pretende Sessé con estas cartas? ¿Qué pretendía en aquella ocasión con su primera carta a Gómez Ortega? ¿Qué en esta otra al director del Hospital de San

Andrés? Pues bien, entre los argumentos de todo tipo, entre los cincuenta y siete puntos lo que no aparece es el tema objeto de su trabajo: ¿Qué plantas quiere ensayar en los pacientes? ¿Para qué enfermedades? Y es que, efectivamente, tiene razón el dr. Ferrer cuando indica:

> *...lo que el director de Botánica no hace, pues no señala remedio, Medicina, ni planta fija, y menos propone Enfermedad, y con todo, sobre la zarza se representó, y por fín se abolió.*

En efecto, después de dirigir la Sala de Observaciones, cuando Sessé partió para España, Cervantes se quedó como encargado de la botica del Hospital de San Andrés, y no se observa que hubiese en ella un solo producto derivado de las plantas mexicanas tomadas de la expedición. Por el contrario, casi todos los productos que ofreció Cervantes eran importados, lo que indica la poca o ninguna utilidad que tuvo la sala de observaciones a pesar de toda la energía contenida en las palabras del director, cuyos objetivos más allá de la ciencia, siempre tuvieron que ver con...Si, con aquella escalera que tenía varios peldaños pero que no sabíamos muy bien a dónde conduciría.

## 4. Documentos

### 4.1. Carta de Sessé a Gómez Ortega del 30 de Enero de 1785[18]

*Habana 30 de Enero de 1785.*
*Muy Sr. mío. Hallándome practicando la Medicina con don Antonio Flamenco Médico de esa Corte en los años de 75 y 76 tuve el honor de visitar repetidas veces la casa de V.M. con el sentimiento de no poderle tratar a causa de hallarse comisionado en las cortes de Europa.*

*Doy a V.M. las gracias por mi parte de haberse dejado conocer de todos por su Flora, con tanto honor y utilidad de la Nación.*

*Considerando a V.M. uno de los más amantes de ella me atrevo a interrumpir sus tareas con el siguiente discurso dirigido a hacerlas brillar y fructificar en esta parte del nuevo Mundo.*

*Si mi idea tuviera la buena suerte de complacer a V.M. en la contestación espero el apoyo, y si no desde ahora le suplico me disculpe, atendiendo a que es un espíritu de humanidad quien la promueve.*

*Por varios rodeos con que la suerte entretuvo mis primeros años tuve por principio de mi carrera la de Médico de observación en el hospital de ejército destinado al Bloqueo de Gibraltar. De allí pasé al de Operación en América del mando del Excmo. Sr. don Victorio de Navia, que obtuvo después el Excmo. Sr. Conde de Gálvez. El mucho favor de estos S. S. me confirió el Cargo de Médico Principal en alguna expedición. Declarada la paz, y el texto de la Scriptura Honora Medien propter necesitatem; quedé exento de cargos y sueldos, mas no de obligaciones porque eran muchas las que había*

---

[18] Tomada de Alvarez López, Enrique. 1952.

*impuesto a mi cuidado y confianza la parte más noble de esta Ciudad.*

*Parecía ingratitud y demencia abandonar esta feliz situación por la mera curiosidad de ver el Imperio Mexicano; mas no me engañó el deseo, porque desde el primer me ofreció aquella Capital los frutos que a expensas de mucha fatiga y número de años habían deparado para sí con el más alto concepto en la facultad un Ruiz, y un Virgili que se retiraban para España.*

*A vista de tan lisonjera suerte apoyada con la protección de aquel Sr. Virrey traté de establecerme en el brillante que mis medianas facultades me permitían.*

*Algunos portentosos e inesperados aciertos (que no siempre están de parte de la facultad) en el término de 17 meses afianzaron mi decorosa colocación. Pero la atención de crecidos caudales, que con demasiada confianza dejé aquí al cuidado de un Apoderado, me hizo venir en diligencia a su recobro. Tengo asegurada la mayor parte, y alguna esperanza de ir en compañía del Sr. Conde de Gálvez, si como todos creen pasa a substituir a su Padre.*

*El favor de este Señor, aquella Ciudad, Audiencia, Universidad y Proto-medicato sé que me hace molestar a V.M. y es: establecer Cáthedra de Botánica con Jardín, a que convida el fértil é inculto terreno que hay dentro de Palacio contiguo a la Universidad.*

*Para este fin necesito que con anticipación tienda V.M. la vista sobre sus adelantados Discípulos para anotar el más Idóneo al desempeño de este Ministerio, tan preciso en aquella Corte, que con dolor aseguro a V.M. sería difícil hallar tres Farmacéuticos capaces de hacer una cataplasma con Arte; no bajando de 60 las Boticas abiertas.*

*No me parece difícil hallar persona capaz a quien adapte venir a hacer su honrosa fortuna con sola la que yo le propongo poniéndole desde el día de su llegada una completa Botica dentro de Palacio, de cuyo producto le daré la mitad, siendo de mi cuenta todos los menoscabos. Para este efecto tengo en Cádiz en poder de don*

*Francisco Borda 6.000 pesos que con las resultas de este Señor, y la atestación de V.M. pondrá a su Orden para que desde allí venga surtido de libros, instrumentos, drogas, semillas, envases, etc. que no se hallan, o es a mucho costo en estos Reinos. De todo mandaré anotación en el Caso. El mismo Borda en Cádiz, si lo hubiere menester le proporcionará equipaje y cómodo transporte, que será en compañía de un condiscípulo de singular talento que fue Médico del Ejército en Mahón y ahora de Cabildo en Canaria.*

*Este me ayudará a la formación de una Academia de Medicina, Teórico-Práctica que se pondrá en el Hospital General sobre los mismos principios y reglas que la del Real de Ntra. Sra. de Gracia de Zaragoza a quien ambos debemos el ser tan precisa como la Cátedra de Botánica.*

*Por estos dos medios, y otros que tenga acordados con aquel Proto-Medicato en orden a la admisión a exámenes se conseguirá el exterminio de innumerables salti-banquis falsarios de la Facultad, que con deshonor de ella y la mayor inhumanidad usurpan a un tiempo vida y tesoros.*

*Confío el éxito de ese útil pensamiento al favor de V.M. afecto a las ciencias y amor a la humanidad que es el que mueve mi pluma.*

*Se encuentran algunos monumentos en el tesauro del dr. Hernández, que murió el siglo pasado comisionado por nuestra Corte al mismo intento. Creería verle logrado á satisfacción si en mí compitiera la capacidad con el deseo; pero me alienta la confianza de que la de Vm. me saldrá garante tomándose la mayor parte en el desempeño.*

*Verificado mi regreso a México ofrezco á V.M. la planta Lobelia, que el dr. Kam sacó de los Indios Salvajes y dio el año de 82 a la Academia de Stokolmo; conocida allí entre los naturales con el nombre mexicano tlauchinoti: la hierba dicha del Pollo por las imponderables pruebas que ha dado de su Virtud balsámica con dicha especie de aves : a mi entender excede al decantado bálsamo de tembleque: y el Arbusto de la Flecha, o Árbol de la Margarita antídoto milagroso nuevamente descubierto contra la Rabia.*

*Son innumerables las plantas conque aquellos naturales ocurren a sus más agigantadas enfermedades las más veces con acierto sin más luz que la empírica. De todas pienso enriquecer ese R. Jardín Si Dios protege mis ideas interín le ruego prospere la vida de V.M. m. a. B lm. de V.M. su más atento Servidor*
*Ldo. Martín Sessé*

## 4.2. Real Cédula de 20 de Marzo, de 1787, por la que se establece en su forma definitiva la Expedición a Nueva España[19]

*El Rey, Por cuanto conviene a mi servicio, y al bien de mis Vasallos, que a ejemplo de lo que de mi Real Orden se está ejecutando en los Reinos del Perú, y Santa Fe, se examinen, dibujen y describan metódicamente las producciones naturales de mis fértiles Dominios de Nueva España, no sólo con el objeto general, e importante de promover los progresos de las Ciencias Físicas, desterrar las dudas, y adulteraciones, que hay en la Medicina, Tintura, y otras Artes útiles, y aumentar el comercio, sino también con el especial de suplir, ilustrar y perfeccionar con arreglo al estado actual de las mismas Ciencias Naturales, los escritos originales que dejó el dr. Francisco Hernández Proto-Médico de Felipe Segundo por fruto de la expedición de igual naturaleza, que costeó aquel Monarca, y hasta ahora no ha producido las completas utilidades, que debían esperarse de ella, y me prometo de esta coadyuvada del Jardín Botánico, que a mi representación de mi Virrey, que fue de aquel Reino Conde de Gálvez, y en beneficio común, he mandado establecer en México, y de la publicación de aquella obra manuscrita, que de mi orden se está imprimiendo.*

*He resuelto pasen a Nueva España dos Botánicos, y un Naturalista, todos Españoles, a incorporarse con el don Martín Sessé, Director, que ha de ser del Jardín, y de toda la expedición a la cual se agregarán el Profesor Farmacéutico residente en México Dn. Jaime Senseve, y dos Dibujantes; y hallándome informado de las buenas circunstancias, y suficiencia en su profesión e inteligencia en los*

---

[19] Tomada de Alvarez López, Enrique. 1952.

*Dialectos de la lengua Mexicana, celo y actividad del dr. Dn. Martín Sessé que ejerce con distinguidos créditos su facultad en México he venido en confiarle la Dirección del Nuevo Jardín Botánico de aquella Capital y la de la expedición Facultativa por el Reino de Nueva España donde servirá bajo las Instrucciones, que separadamente se le darán firmadas por mi Secretario de Estado, y del Despacho Universal de Indias, y con las condiciones siguientes. Primera. Deberá ser su mansión en aquel Reino con la expresada comisión por espacio de seis años: Segunda: Gozará el sueldo de dos mil pesos, moneda de Indias, en cada un año desde el día que incorporándose los demás Socios de la expedición se dé principio a ella, y se le satisfarán por cualquiera Cajas Reales de aquel Reino, a que se halle más próximo para las observaciones de su encargo. Tercera: Durante sus viajes por aquel Reino para los expresados fines gozará el sueldo doble para subvenir a los precisos gastos, que con este motivo le ocurran.*

*Cuarta: Cuando se verifique su regreso a España se le asistirá por mi Real Hacienda con la mitad del sueldo que gozó en Nueva España, ínterim se le dé otro destino, y formaliza, y presenta su obra completa que debe ser el fruto de su trabajo. Quinta: Que de cuenta de mi Real Hacienda se le proveerá de Libros e Instrumentos de su profesión para el ejercicio de ella. Por tanto mando a mi Virrey, Gobernador, y Capitán General del Reino de Nueva España, a mis Reales Audiencias, al Superintendente General Subdelegado, y Ministros de Real Hacienda, y a los demás Tribunales, y Justicias de aquel Reino, hayan, y tengan al expresado dr. Dn. Martín Sessé por Director de mi Real Jardín Botánico de México, y de la expedición facultativa por dicho Reino, guardándole, y haciéndole guardar los honores y preeminencias, que le correspondan para el buen éxito de ella, satisfaciéndole los Ministros de Real Hacienda de las Cajas de México, o con la correspondiente orden del Superintendente General, Subdelegado de ella en aquel Reino los de cualquiera otras de él con relevación de media anata el sueldo, y ayuda de costa, que se han expresado. Y de esta Cédula firmada de mi Real mano, sellada con mi Sello Secreto, y refrendada de mi Secretario de Estado, y del Despacho de Indias se tomará razón en la Contaduría General del Consejo de ellas, y en las oficinas de Real Hacienda de Nueva España a que corresponda.*

*Dada en el Pardo a veinte de Marzo de mil setecientos ochenta y siete.*

*S. M. nombra Director del Jardín Botánico de México, y de la expedición facultativa de Nueva España al dr. Dn. Martín Sessé con el sueldo anual de dos mil pesos, y las condiciones, que se expresan.*
*Tomose razón en Contaduría General de Indias. Madrid veinte y uno de Marzo de mil setecientos ochenta y siete. México 28 de Febrero de 1788.*

*Cúmplase y guárdese lo que S. M. manda en el precedente Real Título, y asentándose en los Libros del Oficio de mi Superior Gobierno a que toca, tómese razón en el Real Tribunal de Cuentas, Contaduría de Media-anata, y por los Ministros de Real Hacienda de estas Cajas, devolviéndose después al interesado para su uso.*

## 4.3. Carta de Longinos Martínez a Sessé escrita en México a 23 de julio de 1789 (fragmentos); (AGN 527)

*Sr don Martín de Sessé*
*Amigo y muy Sr mío,*
*En los correos anteriores he recibido dos de usted por los que leo se va adelante en el descubrimiento de plantas nada comunes y por corrientes rutas que llenan de satisfacciones al Botánico (--do) suave y gustoso todo trabajo, he empezado a desear hallarme en mis tareas contemplándolas ya para mí como el mejor lenitivo de mis repetidas tristezas, y aunque así (--) arreglo de mi casa como otras ocupaciones me llama la atención juntamente con lo pernicioso en la estación he pensado abandonarlo todo y disponerme para la próxima ocasión que se me proporcione de compañía aunque sea Pontarco u otro rumbo pues aunque tengo la licencia sin límite de tiempo, no quiero abusar de ella ni dar ( pie) a cavilosidades, contemplando las detenciones que me pueden ocurrir por ríos, caminos y otras causas...Hago asimismo...con alguna prevención para no perder tiempo ....*

*Y si a Ud. le parece fácil la conservación será por ignorar sus requisitos como lo demuestra el repetido encargo que Ud. me hace atento localización en esos estantes, ni se porque ahora se apura Ud. respecto haber sido casual esta mi tenida. Si hubiera sido esta repetida advertencia con otras circunstancias la atribuiría a la primera cláusula que dejo dicha donde expongo la razón de desentenderme, pero como experimento la contraria no se a que atribuirlo repito que deseo la paz pero también digo que me llamo el indiferente en todo y por todo y que así lo soy también en que repita Ud. lo que quisiere de oficio o como mejor le parezca.*

*Me alegro del pronto restablecimiento de las enfermedades y Ud. les dará mis afectuosos expresiones de este su afecto que s. m. b.*

*Longinos Martínez*

## 4.4. Carta de Sessé a Longinos Martínez escrita en la Hacienda de Mazatlán el 23 de julio de 1789; (AGN 527)

*Sr don José Longinos Martínez*
*Amigo y muy Sr mío,*
*En carta familiar de mediados de junio dije a Ud. que si recelaba algún demérito en los animales encajonados, los colocase en mis estantes que estarían desocupados para este fin, que practicase Ud. lo que estimase oportuno para su conservación e impusiese a Cervantes de lo que en su ausencia deberá hacer para que no se perdieran.*

*Sólo ese punto o cualquier otro que tenga la menor conexión con el Servicio de la Comisión, me parece suficiente para que usted no se desentienda de contestarme lo que determina en los recursos de que se trata. Hago a Ud. este amistoso recuerdo porque me ahorre el disgusto que tendré en tratar precisamente de oficio todos los asuntos que podemos deliberar y seguir como compañeros.*

*El 20 nos retiramos de Acahuzotla por escasearse el encargo en sus contornos y ser insoportables las incomodidades de continua tempestad, goteras, insectos, etc. de manera que no hay Caballería*

*José Francisco Bravo Moreno y Emilio Cervantes Ruiz de la Torre*

Sana y Zenda y el Tío Pepe se hallan con calenturas. Encontramos los mirabolanos (?) el bálsamo dicho así por los naturales, y peruviano según Senseve y Carrillo, pero diferente del legítimo, el verdadero cacao espontáneo, la Paragra brava (?), el Corzo arabaje (?) y algunas otras plantas de aprecio aunque por todas ellas se vieron cerca de dos caminos 18 leguas de Acapulco.

Curados los enfermos mudamos de rumbo hacia el NO hasta el septiembre que volveremos a ver algunas plantas tardías que no pueden examinarse ahora.

Páselo Ud. bien y mande seguro del afecto de su Amo y Señor que S. M. B. (Su Mano Besa),
Martín de Sessé

## 4.5. Carta de Sessé a José Longinos Martínez escrita en Chilpancingo el 6 de Agosto de 1789; (AGN 527)

*Chilpancingo, 6 de Agosto de 1789*
*Sr don José Longinos Martínez*
*1º Muy Señor Mío:*
*Concuerdan poco los deseos de reconciliación que pretende usted demostrar en su carta del 23 del pasado con los insultos de que se compone nuestra parte de su contenido. El desentenderme de los dirigidos a mi persona será la última prueba de una tolerancia que tal vez habrá sido cómplice en los repetidos desacatos con que usted ha vulnerado el respeto debido a mi empleo y persona que tuvieron la bondad de influir para que su Majestad me lo confiriese; (constándole) a usted que hasta aquí he apurado mis esfuerzos por desempeñarle mandando no como podría sino con ejemplo en todos los trabajos; y esto no por usurparme la gloria de los subalternos como usted se atrevió a decirme, sin duda fuera de sí, porque son incompatibles aquella ambición, y la generosidad con que he recomendado al ministerio el mérito de la Expedición aún en materias que no han dado a Ud. el menor trabajo y que ha mirado Ud. con indiferencia si no con desafecto.*

*2º. Quisiera prescindir igualmente de los que miran al servicio del Rey, pero faltándome este artículo me ceñiré a aquellos puntos de que cuyo enmudecimiento podría resultar atraso a la comisión de que estoy encargado como Jefe en todos sus ramos.*

*3º. Dije a Ud. en cartas de Junio y Julio que si recelaba algún demérito en los pájaros contenidos en el cajón los colocara a su gusto en mis estantes practicando con ellos lo que estimase oportuno de su composición, e imponiendo al catedrático de otra diligencia para que en sus ausencias estuviese al cuidado de ellos. Así dije <u>que si recelaba algún demérito</u> y ahora mando que lo haga aunque Usted juzgue que hay riesgo en practicar tenga Ud. entendido que se aventura menos en la perdida de cuatro pajarillos comunes que contienen que en el (desacato) de mi autoridad, cuyo* *ejemplar podría ser origen de peores resultas. Esta es la causa por que dije en Cuernavaca que mandaba fuese el Casoar a mi casa quedo responsable a las resultas que el empeño de Ud. presagiaba, y no podrían ocurrir siempre que Ud. diese instrucción como debe de las precauciones con que pueden conservarse, y que el Catedrático sabría poner en práctica con tanto acierto como cualquiera otro a quien Ud. quiera confiar este encargo. Mis estantes son susceptibles de precauciones como los de cualquiera y si algo les faltaba puede Ud. avisarlo, asegurado de que nadie me ganará a liberal por el servicio del Relustre de la Expedición. Esto supuesto, y que en mí de tanta obligación como todos juntos de saber (?), orden y método con que se disponen los objetos de los tres Reinos, no sólo en los estantes, sino también en los ---- de que aún no me ha dado usted la primera ------ que esto debo hacerlo con el mayor manejo, y ...(......)........: inspección se hace inevitable que unos residan en mi casa a donde todos ocurrirán para consultar, y acordar las dudas, como mandan las instrucciones, no siendo regular que para esta diligencia indispensable, y a que Ud. tanto se ha resistido, salgo yo de mi casa para la de los subalternos, pudiendo, y debiendo estos concurrir a la mía, como sucede en todo cuerpo bien gobernado.*

*4. Creo que así está, y en cuanto hasta aquí he propuesto y Ud. ha repugnado con interpretaciones infundadas y arbitrarias: en nada se ha violentado el plan de las instrucciones que es a lo que todos nos debemos arreglar para el acierto. La facultad de alterarlo porque las circunstancias lo exigiesen parece que debía ser reservada al director, dando parte al ministerio de los motivos para la aprobación, sin cuya anuencia nadie es dueño de faltar en lo más mínimo. Si Ud. se ha propuesto otro, como parece y me da a entender, vive tan errado como en creer que se haya con libertad para tirar por la calle de en medio como incautamente me dice olvidándose de la obligación que ha contraído con el Soberano del empleo honorífico con que le ha distinguido, de los costos que ha erogado su conducción a estos reinos y demás resultas que se dejan bien percibir.*

*5. En obsequio de mis bienhechores quienes Ud. ha ofendido, cuantas veces me ha tratado de ignorante, fundado en la confesión que hice de mi corta instrucción en las Ciencias Naturales, propuse a Ud. varios proyectos en que sin detrimento del servicio podríamos, usted hacer brillar mucha inteligencia que le ensoberbiece para no* someterse a mi acuerdo, y yo acreditar que he procurado imponerme en las obligaciones de mi empleo, y no soy un idiota como Ud. me supone; pero no he hallado medio de combinar sus ideas dirigidas únicamente a la independencia, solicitud a la que accedería gusto sino se opusiera al mejor servicio del Rey, y crédito de la Expedición.

6. Tengo elogiada en público y de prensa la habilidad de usted para disecar y conservar animales, y demás producciones, y así me parece tan tempestivo el jactancioso recuerdo que me hace Ud así como la arrogancia de expresiones con que termina su postdata.

7. Sin embargo sabré disimularlo todo y dichos agravios de que pudiera quejarme serán eslabones que le afiancen a Ud. mi amistad siempre que la aprecie sin perjuicio de la autoridad de mi empleo de que (no) soy dueño ni puedo disponer.

8. Ud. sabrá el uso que debe hacer de la licencia que obtiene, y si resuelve salir de la capital estimaré que sea para incorporarse con la Expedición porque puede ser preciso dividirla para el mes de Octubre. El 12 del que rige Salimos para Chipalcingo en cuyos contornos pernoctaremos hasta primeros de septiembre que pensamos regresar a Mazatlán.

9. Todos están ya buenos, y saludan a Vd. Yo deseo que disfrute Vd. la mejor salud. Y mande a su seguro servidor...

SMB

*Martín de Sessé*

## 4.6. Carta de Sessé al virrey escrita en la ciudad de México el 23 de noviembre de 1789; (AGN 527)

*Excmo Sr.*

*Don Jaime Senseve, farmacéutico agregado a la Expedición Botánica de este Reino, Hombre honrado, activo, obediente y dotado de cuantas buenas propiedades forman la mejor conducta, estimulado del honor, y obligación en que le ha constituido un destino distante del que con orden superior le condujo a esta capital, se ha aplicado al estudio de la Botánica desde el 4 de Agosto de 1787, en que por Real determinación se le mandó ayudarme a las disposiciones programativas de este Jardín mientras llegaran de España los demás profesores destinados a la enseñanza y exploraciones de estos dominios.*

*A pocos meses reconocí, que la falta de memoria, potencia la más necesaria para este estudio, frustraba sus buenos deseos de ser útil a la comisión, porque ni tomándose el trabajo de escribir los principios elementales de la Ciencia, conseguía retenerlos. Con esta consideración le mandé que se dedicase a la disección de animales, en cuyo material ejercicio ha adelantado lo suficiente para suplir en esta parte cualquiera falta del naturalista, aunque no sea con tanto primor, y destreza, como este profesor.*

*Pero ni la escasez de animales raros, que son los que únicamente debemos enviar al Real Gabinete, demanda dos facultativos empleados en este solo objeto, ni una ocupación mecánica, en que fácilmente y en muy poco tiempo puede imponerse cualquiera aún sin principio de alguna ciencia, merece una dotación como la de Senseve, y dos viajantes, cuanto menos la asistencia o pensión de medio sueldo que se ofrece a todos en sus títulos desde que concluyan la comisión hasta que el soberano les señale otro destino que suponiendo será en el ramo de la Historia Natural, es incompatible con el desempeño de Senseve, por las razones expuestas.*

*En esta inteligencia, VE si fuese servido podría (re)formar la plaza de este individuo destinándole en una carrera más proporcionada a las buenas cualidades que le asisten, y en que seguramente servirá a SM con toda confianza.*

*Al mismo tiempo debo hacer presente a VE que sentará mucha ventaja a la Expedición de reemplazar este viajante con otro sujeto idóneo, e impuesto en el Sistema Botánico, porque con su auxilio podrá dividirse la expedición por distintos rumbos sin que se experimente intermisión en los trabajos, ni por enfermedad de algunos de los profesores, ni por mis indispensables asistencias a la capital, causadas por las atenciones del Jardín.*

*En esta Cátedra se han creado ya algunos jóvenes que por su aplicación, y conocimientos en otras ciencias anejas a la botánica, se han impuesto a fondo en los elementos de esta, y podrán llenar la Plaza de Senseve con la mayor utilidad, y ahorro de los crecidos costos que erogaría la conducción de cualquier otro que hubiera de venir de España. Entre estos, el médico don José Mociño se ha manifestado el más sobresaliente, tanto por su notoria instrucción literaria, como por las pruebas que en los últimos ejercicios dio al público de su aprovechamiento en la Botánica, y se conforma a viajar con los mil pesos de gratificación, que gozaría Senseve, hasta que este se coloque.*

*Para la disección de animales, en que no merece ocuparse algún profesor, se ha ocupado el cirujano don José Maldonado, también discípulo de este Jardín, quien por su particular genio anatómico ha trabajado ya algunas Aves, y peces, en que da a conocer que, doctrinado por el Naturalista en pocos días podrá suplir sus faltas, y hacer lo mismo y más que Senseve, dotado de los mil pesos anuales que S.M. asigna para gastos de Expedición, y sin aumento de los costos que se han propuesto hacer en estas expediciones.*

*Esto me ha parecido justo exponer a Ud. en descargo de mi conciencia, por el mejor éxito de la expedición, y en obsequio del mismo don Jaime Senseve, cuya honradez sufriría mucho bochorno al verse mañana empleado en un destino que no podría desempeñar por más que (agotase, apurase?) sus esfuerzos.*

José Francisco Bravo Moreno y Emilio Cervantes Ruiz de la Torre

*VE puede resolver aquello que fuese de su superior agrado.*
*Dios guarde la vida de VE muchos años. México 23 de noviembre de 1789.*
*Excmo Sr.*
*Martín de Sessé.*

## 4.7. Sessé al virrey. 8 de enero 1790; (AGN 527)

*Excmo. Sr,*
*Con el justo motivo de haber fallecido la esposa de don José Longinos Martínez usó este de Licencia desde el 16 de mayo del 89 hasta 29 de septiembre del mismo. No creí necesario expresarle a VE en mi oficio de 28 del pasado porque supuse que su concesión había sido con noticia de los Ministros de Real Hacienda de estas cajas para la regulación del sueldo que le corresponda en ese intermedio, y que este individuo no sería capaz de incurrir en la falta de comunicarlo, como se le previno. Tampoco pude advertirlo hasta ahora, por no haberme manifestado el permiso, y sólo haber sabido por carta confidencial que lo había obtenido de esta superioridad sin límite de tiempo. Esta fue la causa de no haber yo hecho mención de dicha Licencia.*
*Dios guarde la vida de VE muchos años. México, 8 de enero de 1790.*
*Excmo Sr.*

## 4.8. José Longinos Martínez a Sessé en México a 31 de marzo de 1790; (AGN 527)

*Muy Señor Mío,*
*El Naturalista se haya enfermo y me parece según lo asentado en mi conducta basta media vez lo diga para no dudar de la autenticidad. Cuando esté para trabajar enviaré por todas las producciones Naturales que traje de Acapulco para arreglarlas, describirlas y pasarlas a el acuerdo con los ciento veintitantos animales que tengo apuntados y venían en los cajones todos útiles y bien acondicionados. En el Interín de nada me sirve este cajoncito que me remitió Ud. ayer con un corto número de ellos.*

*Extraño dude usted de la pérdida de las Aves venidas de Acapulco cuando el cajón de ellas ha estado tan abandonado como si fuera de piedras, sin que haya servido para su remedio la disputa que sobre la misma materia ....suponiendo Ud. siempre de mi.... (inseparables en esta ciencia) cavilosidades o superficialidades por último entonces se verificó por qué asilo exigieron las circunstancias la*

*conservación del cajón con los animales intactos hasta el día que los saque por su mandato y los coloque en el estante, pero en estos que han padecido tal abandono qué se debía esperar sino el mismo paradero que los otros que quedaron al descuido del Catedrático? Si lo demás de la remesa está pronto procure Ud. remitirla cuanto antes que la mía irá si no es en el mes siguiente en el otro que desde todos los pueblos hay camino a Veracruz en caso de necesidad; si el orgullo que Ud. me supone consistía en que Ud. no entiende de mis trabajos, me ratifico en ello y tengo para prueba después de otras muchas el desatino de remitir a la Corte una supuesta reforma todavía no se había tratado. Esta ligereza fundada en mi desprecio... la Corte si no es que también la ha ido esparciendo (sin que yo lo ignore) por más personas de nuestra capital. Y si estos sujetos por casualidad, que de otro modo no lo podrán volver a saber, se enteran de mi verdad ¿Qué crédito tomará esta Expedición? Se me cae la cara de vergüenza al considerarlo, pero de lo que no podrán prescindir es de la moderación con que cada uno obra. No respondí ayer por ser día de correspondencia de mis tercianas y por no estar para ello.*
*Dios guarde la vida de Ud. Mexico 31 de marzo de 1790*
*José Longinos Martínez*

## 4.9. Informe médico de Ablanedo. 24 de mayo de 1790; (AGN 527)

*Certifico: Como mejor puedo que habiendo tenido noticia haber llegado a esta corte de su expedición don José Longinos Martínez, Naturalista de la Expedición Botánica de Nueva España, pasé a visitarlo por los vínculos de Amigo, y Compañero, y lo hallé aflijido de una fuerte calentura con exacerbaciones cotidianas, precedidas de unos grandes calosfríos, por lo que la caractericé terciana doble, pero extremamente indócil, y que llamaba bastante cuidado por los continuos, y grandes sudores de que se acompañaba, y con los que solía terminar; de manera que en cada accesión se notaba más y más débil, sus sólidos con menos fuerzas, sus líquidos enteramente exaltados, y dispuestos a una continua exalación: finalmente advertí su gran rebeldía, pues a pesar del mejor método curativo, sólo consiguió le faltase la calentura algunos días; pero sin exceso, ni otra conocida causa he visto recayó por dos, o tres ocasiones, llamando más la atención por la permanencia, descomposición de los líquidos y suma relajación de los sólidos: por todo lo que temí, según mi corta práctica, podía parar en una hidropesía particular, o general, pues hasta de unos días a esta parte le permanecieron los expresados síntomas con el mismo vigor, y aún en el día le falta mucho para su perfecto restablecimiento, el que tuvo por conveniente dejar a la naturaleza el facultativo que lo asistía, ordenándole sólo un exacto régimen en la dieta, esperando acaso la variación de Estación, y temperamentos.*

*México a 24 de mayo de 1790.*
*Joaquín Alonso Ablanedo*
*Cirujano del Segundo Batallón del Regimiento de Infantería de México.*

## 4.10. Carta de Sessé a José Longinos Martínez. México 1 de abril de 1790; (AGN 527)

*Muy Señor mío,*
*Respecto de que Vd. se halla enfermo y no puede trabajar devuélvame con el dador el cajoncito de peces que le remití para que los arme Senseve que no lo hace muy mal. Envíeme Vd. también el duplicado que quedó de las aves remitidas a España, para por ellas y los dibujos de los que falten para formar yo los (dos cajones) y encajonarlas para remitirlas en 19 o el 20 del que sigue.*

*Si Vd. se halla en estado las verá antes de su partida y escucharé gustoso cualquiera corrección que Vd. haga y me parezca oportuna para darle nuevos ejemplos de humildad y moderación.*

*Remití a la corte la reforma de las 20 aves bien corregidas sin el acuerdo de Vd. por hallarse enfermo no –quise (?) - retardar pruebas del cuidado y meditación que me deben todos los puntos de que soy responsable, ni esperar que de allá viniera la represión. Además de que yo no me considero sujeto al acuerdo de un subalterno que me trata de ignorante y hasta aquí se ha desdeñado de mí sin mi dictamen. Siento que perecieran las cuatro o cinco aves que encerraba el cajoncito esperando de un día a otro el alivio de Vd. para abrirlo. Lo peor es que esta desgracia es tan común que no ha podido evitarla ningún naturalista. Se ha experimentado en algunas que están al cuidado de Vd. Al paso que las que existen en mi casa y usted supone perdidas se conservan en muy buen estado a excepción de cuatro o cinco, que empezaron a picarse sin que haya seguido el daño por haber hallado modo de cortarle hasta aquí con el humo del tabaco fuerte quemado en hoja.*

*De todos modos lo más seguro será remitirlas sin demora al Real Gabinete donde estarán mejor cuidadas. Para esto es preciso anticipar las descripciones que sabré yo hacer ya que Vd. se haya imposibilitado.*

*Es mucha libertad decirme que tiene usted contadas las piezas de los cajones que existen en mi casa, pero yo la celebro por tal de que conozca usted la integridad de su dirección y le sirva de modelo.*

*Dios Gra. México 1 de Abril 1790*
*Martín de Sessé*

## 4.11. Sessé al virrey 6 de abril de 1790; (AGN 527)

*Excmo Sr.,*
*En las críticas circunstancias de haberme de alejar de la Expedición por largo tiempo y haber sido infructuosos cuantos medios prudentes me han sido imaginables en el término de un año para corregir las faltas de subordinación y respeto en que el Naturalista José Longinos Martínez ha incurrido no sólo de palabra, sino por escrito, me veo en la precisión de acudir a VE por el remedio presentando mi contestación con este individuo en la cual se manifiestan claramente mi tolerancia y su desahogo, mi moderación y su poco respeto, mi celo y su descuido en el cumplimiento de la obligación.*

*Dice en sus cartas que aquí halla las instrucciones diferentes de lo que las había visto o entendido en Madrid y que la cláusula con acuerdo del Director hablando del Orden que han de observar todos en las definiciones y descripciones de los Objetos, que se los presenten, muy bien se insertó por un rasgo de la pluma, que por la meditación, atropellando con expresión tan ligera el respeto del Sr Ministro que le puso el sello de su aprobación (núm. 4). Que soy un ignorante en la Historia natural, con el mal estilo y otras libertades que se leen en la del Número 8. Que mis trabajos en esta ciencia no son presentables a ningún sujeto inteligente; que sólo es el Naturalista, el responsable, el que debe decidir en toda materia de Historia Natural, y que mal podría dárseme la responsabilidad de una ciencia que me era nueva (núm. 1). Por esas razones también los botánicos debían ser absolutos en lo respectivo a las plantas, y mi empleo ocioso y superfluo en la expedición.*

*Fundado en esos principios ha excusado comunicarme ninguno de sus trabajos y concurrir a mi casa con los demás subalternos, para el arreglo, y consulta de las dudas que ocurran, resultando de esta independencia, preferir el ejercicio de su Facultad en el público al cumplimiento de la obligación; no haberse descrito aún animales remitidos a España el año pasado, cuanto menos los colectados en este, exponer por su capricho el crédito de la Expedición, y desmayar al Ministerio, haciéndole concebir a vista del índice número 11 con que iba a acompañar aquellos, que una obra tan prolija, y costosa como la Historia Natural de este Reino, se hallaba encargada a profesores como idiotas, que ni aún daban indicios de hallarse instruidos en los primeros rudimentos de las ciencias.*

*Una de las pretensiones de este individuo, y principal móvil de las diferencias ocurridas, ha sido la de colectar, y trabajar piezas para su Gabinete, diciendo, que así lo había capitulado y concedídosele por D Casimiro Gómez Ortega, a quien el Ministerio confió las disposiciones de esta Expedición, y con quien todas las de América siguen la correspondencia.*

*Pregunté lo que había tratado sobre este particular, y me respondió, que de ningún modo accediese a semejante solicitud, previendo con mucha reflexión, que esta tenía el inconveniente de defraudarme el tiempo que se necesita, para la observación, y descripción de las producciones singulares, y raras en Europa, y la de cargar contra lo prevenido en las Instrucciones.*

Las resultas han calificado muy pronto ambos recelos, como puede VE leer, pidiéndole el libro de sus observaciones, y haciendo reconocer los cajones que trajo de Acapulco. Allí verá VE que todavía no se han descrito los objetos que correspondían al año pasado, cuanto menos los colectados en este, y aquí se encontrarán Pargos, rayas, tiburones, abujas, salmonetes, y otras producciones de esta naturaleza, que sólo pudieron haberse cargado con el designio de llenar su Gabinete, dimanando de esta numerosa, atropellada e inútil colección haber faltado tiempo para determinar, disecar, dibujar y describir ocho piezas que entre más de ciento aparecen solamente dignas del Real Gabinete, y dificultarme ahora hacerlo con la perfección debida, porque la mucha sal que brotan, y fue su única preparación, ha desfigurado, y consumido el brillo de los diferentes colores, que constituyen su hermosura, y en que muchas veces están fundados los caracteres específicos que los distinguen.

El descargo de estas faltas es mi ignorancia como si para el discernimiento de los referidos objetos no bastase haberse alimentado de ellos muchos años, además de que en el caso presente no puedo hacerme tan gran favor que no me reconozca bastante instruido para dar lecciones a quien con tanto desahogo, y poco fundamento degrada el mérito de mi aplicación. Para no haber descrito los Animales remitidos a España el año pasado, se disculpa con la falta de salud, y libros, no habiéndosele escaseado alguno de cuantos poseemos y han sido suficientes para que la Expedición en sus largas ausencias haya determinado y descrito cuantas producciones se le han presentado con la propiedad que puede verse.

VE ha visto, que en la pintura que hace y puede publicar del Gabinete que ofrece para Instrucción del Público, cuenta con porción de libros de Historia Natural, y dice que todas las producciones de que se compone, están arregladas en sus respectivas clases, géneros, y especies con expresión de sus usos, virtudes y para cuyos trabajo se necesitan muchos más autores que para las descripciones de los pocos Animales colectados, porque estas debe hacerlas el Naturalista de memoria, en el monte y a proporción que se le presenten los objetos. De donde se infiere *claramente, que ha tenido libros, salud, y tiempo para la coordinación exacta de su Gabinete, y que por falta de uno y otro no ha dado aún principio a su obligación. Sin embargo no duda decir que aquel es fruto de sus intempestivas tareas en que se ha ocupado después del principal encargo de su comisión.*

*En vista de lo expuesto, VE se servirá tomar las providencias que fueran de su superior agrado para evitar este descuido en lo sucesivo, y para que este individuo conozca la subordinación en que consiste el adelantamiento de la comisión para el que contribuirá mucho el que cada uno lleve un diario de sus trabajos, el cual presente en limpio después de corregir para remitirlo anualmente a la Corte. Así habrá constancia de lo (que) cada uno trabaja y servirá de estímulo para que todos se esmeren en su respectiva obligación, y sepan que el mérito propio ha de ser quien gradúe la gloria de cada uno en particular. Si en obsequio de mi honor, de mi aplicación y de mi empleo, quiere VE concederme el gusto de demostrarle al Naturalista ante VE o la persona que fuese de su superior agrado las equivocaciones que padeció, en que insiste, y me imputa en la corrección que hice de veinte Aves remitidas a la Corte, será la satisfacción que más puedo agradecer a VE y el castigo más propio de la infundada confianza con que me reta, y trata de ignorante.*
*Dios que la vida de VE m. a. México y Abril 6 de 1790.*

## 4.12. Longinos al virrey 23 de mayo de 179 (AGN 527)

*Don Longinos Martínez, Naturalista enviado por el Rey para la Expedición establecida en esta Nueva España, respondiendo a la carga que me hace el Director de ella, don Martín de Sessé, ante Vuestra Excelencia como mejor proceda digo: Que de notoria rectitud se ha de servir declarar injusta y calumniosa dicha amonestación y deferir al pedimento que haré fundado en los mismos documentos en que el dr. pensó justificar sus pretensiones.*

*Bien pudiera yo responder al dr. Sessé con su propio estilo y con su propio lenguaje. Lejos de delinquir por eso me haría merecedor de las alabanzas de cauto; pero ni los altos respetos de VE ni la moderación de mi genio admiten otras expresiones que aquellas que conduzcan a una verdadera defensa. Todo lo demás no conspira a otra cosa que a manifestar las pasiones del corazón por más que quieran vestirse y adornarse con la capa del buen celo y de amor al real Servicio.*

*Así me explico porque así lo demanda la viveza y ardor con que me acusa el dr. Sessé sin haber yo dado aún la más ligera causa. El asienta que son fingidas mis enfermedades y de mera conveniencia. Sobre este principio atribuye a engreimiento y desobediencia el que yo no pase a su casa muy distante de la mía y concluye acriminando hasta lo sumo las proposiciones de mis cartas que acompaña bautizando lo ingenuo con el nombre de descaro y lo verdadero y real con el de atrevimiento punible.*

*Me iré encargando de los puntos principales a que contraste su acusación para que puesta en balanza con mis satisfacciones y defensas se sirva VE calificar el respectivo mérito y el espíritu respectivo: Y porque para esta calificación contribuye más que todo la presencia de los títulos del Acusado y Acusador y lo que es más la ingenua ---(?) confesión de este será lo primero que recomiendo a VE con lo demás que se sigue de esta propia confesión.*

*Y comenzando por los títulos; lo que en ellos se toca es la igualdad entre los dos en concepto del Soberano, y que no hay distinción en nuestras prerrogativas. De modo que ni por dichos títulos (que es el documento más atendible) se concibe que el dr. Sessé deba ser mi subordinado o dependiente, ni menos el que yo pueda como naturalista serlo suyo. Y dije ni menos porque verdaderamente no sería tan admirable que yo me quisiese meter en que la Expedición siguiera su curso por este o el otro rumbo, como el que el dr. Sessé quiera introducirse a juzgar en lo que es lo científico de mi profesión. Para lo primero bastan vulgares noticias, y para lo segundo son menester estudio y experiencia, que a fuerza de años y de larga aplicación, solamente se consiguen.*

*Esto es lo que no ha querido entender el dr. Sessé y por lo que vive erradamente persuadido a que las instrucciones que esta gobiernan con toda la aplicación que el comprende. No se hace cargo de que en tal concepto no se lograrían los laudables fines a que la expedición se dirige, y que necesariamente todo sería confusión, todo disputas, y todo monstruosidad. Efectivamente ¿Cuáles serían los progresos y cuáles las resultas si aquel acuerdo que en las instrucciones se nota hubiera de aplicarse y extenderse al que pretende el dr. Sessé obligándome a que sin su consejo, consulta y aprobación no diese yo paso a mis privativas funciones en que confiesa el mismo su ignorancia?*

*Por eso debe admirar que el propio dr. atribuya a soberbia mía lo que no ha sido otra cosa que una sencilla oposición a sus designios y malformados conceptos. Por eso escandaliza que el mismo dr. reciba como ultrajes de la autoridad que ostenta, el recuerdo que continuamente le he hecho a los canceles en que ambos nos debemos contener. Y finalmente por eso se asombra la misma admiración al ver que sea tanto el aire de que su cabeza se ha llenado, que sin permitirle reflexionar la ignorancia que confiesa (a que doy asenso y por la que no me ha parecido exponer mis obras a su previa aprobación) tenga atrevimiento y valor para increparme en los términos que se ven en su carta (núm. 3) los mismos que descubren la abundancia de su corazón y las causas impulsiva y final de sus representaciones.*

*Dije a Vd. (son sus palabras en el D 3º de dicha carta) que si recelaba algún demérito en los pájaros contenidos en el cajón, los colocara a su gusto en mis estantes, practicando con ello lo que estimase oportuno a su conservación, e imponiendo al Catedrático de dicha diligencia para que en su ausencia estuviere al cuidado de ellos. Antes dije que si recelaba algún demérito; y ahora mando que se haga aunque Vd. juzgue que hay riesgo en practicarlo. Y tenga Vd. entendido que se aventura menos en la pérdida de los cuatro pajarillos comunes que contienen, que en el desaire de mi autoridad. ¿Y podrá en vista de esto dudarse que sobre ser arrebatado, imperioso y provocativo el genio del dr. Sessé hace gala de emplearlo más en ostentar el mando y la autoridad, que en que se logre como es muy justo el loable objeto a que hemos sido venidos? V. Excelencia lo calificará sin perder jamás de vista que no eran pajarillos esos de que habla sino unas exquisitas producciones que el dr. Sessé no es capaz de conocer, ni tampoco los tiempos de su propio uso, hasta llegar sin riesgo a encajonarse: Por lo que venimos a parar en que lo que quiere mi acusador, es que le tengamos por* director, por Naturalista, y por Botánico, y que cuanto se dirija a oscurecer esa aprensión ( no obstante lo que su misma confesión lo perjudica), se debe reputar altanería, soberbia e inobediencia.

De esto (ya se ve) necesariamente ha dimanado no sólo que mis inocentes procedimientos hayan sido para él excesos ominosos, si no (lo que es más grave) que empapado en tales delirios haya ocasionado los perjuicios que me imputa. ¿Qué más que después de haber yo invertido el tiempo en el modo loable que adelante expondré remitiendo a la Corte el primer año las producciones que pude haber, y pasando otra mucha mayor porción que en este segundo adquirí a la casa del Director, donde lastimosamente se ha perdido, venirme culpando ahora de omiso, ocioso e inepto?

¿Qué más que habiéndome querido dar lecciones sobre el conocimiento de Peces, y la elección de ellos haber separado de propia autoridad solos ocho de ciento y veinte y tantos que colecté, siendo así que todos eran utilísimos y dignos de colectarse? ¿Qué más que valerse para ese despotismo del pretexto frívolo de que son peces comunes, sin otra razón ni fundamento que haber visto los papeles en sus picos? Hubiera sido otra la pericia del Director, y otra su imparcialidad conmigo, y abríase detenido a reflexionar que allí iban salmonetes de libra y media, y dos libras, de color amarillo, y por eso nada comunes, y Pargos con el lomo azul que en España ciertísimamente no habrá visto.

Y si bien no son exquisitos las rayas y tiburones, y por eso pude omitir colectarlos, no ignora mi señor Sessé que hube precisamente de hacerlo en honor de la Nación y de la Facultad provocado del Abate Espalanzani, que habiendo ofrecido al público sus observaciones en otros peces había hallado que yo le adelanté y preferí en sus trabajos. Vea ahora el Director si en lugar de Baldones (?) (Falta una línea )... de alguna alabanza.

Estos son efectos de la ignorancia confesada por el propio Director y de su autoridad mal entendida. ¿Qué más que después de haber venido yo cargado en ciento veinte leguas de camino con una arenilla blanca finísima y muy delgada, que colecté como cosa particular entre las muestras de tierras jaspes y arenas haberse aprovechado de ella el celoso Director para el uso de sus cartas, y no haber dejado por lo que pudiera importar una leve porción de ella? Me inclinaría a creer, por tanto, que esta es la mira del Director en su ansia y anhelo por la demasiada subordinación a que aspira.

¿Qué más que haberse desentendido de aquellos felices descubrimientos que a mi ingreso en Veracruz hice del precioso *Testacio estalacta* (por cuyo exquisito caracol han dado algunos monarcas cuantiosas sumas), y después en esta ciudad particularísimas piedras y entre ellas la plata córnea desconocida aún entre estos naturales? ¿Qué más que en medio de ese desprecio haberse solamente acordado de esos descubrimientos para titularlos nuestros (así se explica en su papel) y reprenderme por su publicación inmatura? (Falta una línea )...

La ponderación que hace dicho mi acusador de mi pobre Gabinete glosando a su paladar mis obras, palabras y pensamientos? Hablaría verdad si dijera a VE que tengo efectivamente exquisitas producciones; pero que las tengo sin perjuicio del Gabinete Real a quien he dedicado, dedico y dedicaré siempre lo mejor y lo más admirable y armonioso. Hablaría verdad si dijera que las producciones que tengo son las que no han podido servir para el Gabinete del Rey; y he comprado con mi dinero a los distintos individuos a quienes las tenía encargadas; y si bien algunas producciones de esas es cierto son duplicados de las que fueron a España; lo es igualmente que por la duda que hay cerca de si deban remitirse dichos duplicados cuando son bromosos y cuando alias consta haber llegado ya los principales, no hice mal en quedarme con ellos, quedándome como he dicho, no de balde, sino por mi dinero, y siempre con deseos de la pública utilidad.

Ojala y el Director se hubiera de este modo portado y hecho sus remisiones al Soberano y no a personas particulares de que si fuera necesario podría yo producir algunas listas. Pero adelante: No es mi ánimo acusar sino únicamente defenderme de inicuas acusaciones; y por eso descargado ya a mi parecer de algunos de los capítulos, me encargaré en breve de los otros que me faltan.

*Dice el Señor Sessé que no he descrito las producciones de los años pasado y presente y que la lista núm. 72 iba a exponer a España el crédito de la Expedición: Y concluye que todos estos han sido partos de mi desobediencia a concurrir a su casa.*

*Se ha empeñado el dr. don Martín de Sessé en informar a VE con las obrepciones y subrepciones que le sugiere su encono a mi persona. El calla haberle yo llevado la lista que ahora acompaño con citas de autores y con los nombres vulgares que se encargan en los aforismos de Linneo. Calla que le pareció muy bien, y que igualmente bien le parecieron los dibujos. Calla que también se conformó en que las descripciones no fueran hasta hacerse con presencia de los libros que se esperaban de España: Y por último calla (porque así todo le conviene) que no es mi obligación pasar a su casa y describir allí deprisa y corriendo con los libros que hay en ella; sino que estos deben pasarse a la mía con arreglo a las instrucciones.*

*Por eso me causa admiración que en medio de tantas subrepciones me venga a sacar delincuente porque no pasé a su habitación a altercaciones y por porfiar (como lo tenía de experiencia); porque no iba como un muchacho cualquiera a registrar libros que podía y debía examinar en mi casa con meditación detenida; y porque no me comprometía a todo aquello atropellando con mi salud, entonces más que nunca notoriamente debilitada: Lugar oportuno para descubrir otra sinrazón y otra ignorancia de Sessé.*

*El no distingue desde luego de lo que es de cual vista de ojos para la disecación, y lo que es la misma vista para la descripción del objeto. No quiere entender que para esto segundo bastaría en el punto tomar los apuntes necesarios para explicar después las respectivas naturalezas y cualidades; y que para lo primero obra de otra manera el trabajo del profesor. Distinguiera tiempos el Director: distinguiera motivos, y los ministrara como debe justicia, y a buen seguro que no me acriminara tan cruel como me acrimina. Vuelva los ojos a mis descripciones, que por falta de salud y de libros que el mismo acusador me niega, no han recibido la última mano y creo que no tendrá valor otra vez para correr tanta ligereza su pluma.*

*No obsta contra lo expuesto aquella réplica que hace sobre no haberme faltado libros ni salud como lo acredita mi oferta en la Gaceta, y haber carecido de todo para lo que es mi obligación. Repito que el Director me aborrece, y que mira por eso a mí y a mis cosas con los ojos muy enfermos. Mi oferta en La Gaceta no expresaba ni aún suponía que tenía completa la obra. Véase la nota que dictó mi ingenuidad. Yo entonces contaba con libros que tendría, contaba con una buena salud, y esto bastaba para aquel ofrecimiento con mi estudio de no pocos años en autores que efectivamente tengo exquisitos si bien me faltan otros muy necesarios, que no he comprado por su muy alto precio, como que son libros de facultad nada trillada compuestos de muy particulares láminas, y a que se dedican muy pocos.*

*Válgale Dios y lo que ha dado que hacer al Director el Gabinete de Longinos. Él sin duda es desmemoriado y mucho más lo es en lo que mira a mi honor y a la gloria de la Nación. Sólo se acuerda de lo que puede glosar en ultraje y oprobio mío; y no tiene presente lo que me favorece y proporciona. Por eso no hace memoria de haberme negado el célebre Brisson de aves, que habría notablemente contribuido al desempeño de mi particular instituto; siendo lo más notable haberme negado este autor que no es suyo sino de aquellos que por obligación debe darme.*

*Por eso no se acuerda de la distribución que debe hacer del tiempo en honor y conciencia desde nuestra llegada a este Reino y del empleo que hemos hecho del mismo tiempo Yo y el acusador don Martín. Si obrara de buena fe representaría a V. Excelencia que en los diez meses primeros que no se pudieron aprovechar, ni yo tenía en ellos en qué ejercitar mi ciencia, lo hice loablemente y con aprovechamiento de otros en disponer el desgraciado Gabinete que tan mal le ha parecido. Menos malo fue eso que si me hubiera dedicado a paseos y diversiones como lo hizo mi director. Obraría de buena fe si representara a V. Excelencia que en los otros meses en que sin culpa mía no pude ejercitar mi ciencia, me dediqué a la Botánica, ya porque no había otro que pudiera hacerlo, y ya porque me pareció regular en vez de estarme ocioso, servir en aquello a la misma Expedición.*

*Obraría de buena fe si hubiera representado a V. Excelencia que en todos los tiempos indistintamente dediqué a dicho mi Gabinete las horas (libres) ordinarias. Ocupaba en eso aquellas horas que podía haber ocupado impunemente en bailes y comedias: Y por último, obraría de buena fe, si hubiera representado a V Excelencia que en nada por todo lo dicho gravé al Rey; pues al mismo tiempo que apliqué para el tal Gabinete mis sudores, apliqué también mis sueldos, mis empeños y mis súplicas.*

*Bien lo conoce así en su interior el expresado don Martín, y por eso me tira por otra parte los golpes, aunque con igual desgracia: Pero aún en eso es mi ánimo disculparlo. ¿Qué ha de hacer un corazón emponzoñado enemigo de Longinos, sino suponer lo que no hay y atribuir a mala parte aquello mismo que ignora? Y ve la razón por que levantando un falso testimonio a don Casimiro Ortega no ha presentado la carta que de este se refiere, y la misma con que se propuso malquistar a mi honor y mi conducta; sucediendo esto propio cerca de aquel misterio que tanto le ha dado que hacer y en que Vuestra Excelencia se halla muy bien impuesto, como que es el Jefe Superior a quien me mandan ocurrir las mismas instrucciones.*
*Me he detenido Señor Excelentísimo más de lo que quisiera, porque me causa imponderable dolor que después de haber sacrificado mi salud en servicio del Rey, pretenda el dr. Sessé sea el premio mi subordinación a sus pensamientos con que seguramente lograría el perverso fin de desacreditarme pero se alientan mis esperanzas conociendo que la discreción de Vuestra Excelencia no ha de permitir tan extraviados proyectos. Yo ciertamente no alcanzo la utilidad que se siga de que el Doctor Sessé dirija la Expedición, y antes bien comprendo que es tan excusado para esto como lo fue para lo farmacéutico don Jaime Senseve, a quien por lo mismo se le mandó separar.*

*Y confirmo este pensamiento en vista (a más de otras reflexiones) de haber proporcionado este director estuviera la Expedición sólo quince días en Acapulco, siendo así que quince meses hubieran sido pocos y siendo así también que en otros pueblos sumamente estériles como San Ángel, San Agustín de las Cuevas y semejantes, fue nuestra mansión tan larga como molesta. Pero como en medio de todo no pretendo perjudicarle ni por lo propio debo meterme en averiguar cuál sea su obra respectiva y propia de su trabajo que deba remitir a España como las instrucciones previenen, contraeré mi reverente súplica a los términos siguientes.*

*Ruego pues a V Excelencia se sirva mandar al Acusador don Martín que en lo sucesivo arregle sus pedimentos a la justicia y verdad: Que viva entendido de que yo soy solo el Naturalista nombrado por el Rey, y que por eso debe darme los libros que le pida y dejarme obrar como en honor y conciencia me parezca; que no me incomode ni me precise a concurrencias a su casa , principalmente cuando estas se dirijan a puntos de la ciencia natural en que el mismo se confiesa ignorante, a que debo añadir que lo es también en el idioma Mexicano; y que en consecuencia de todo me guarde las prerrogativas que en mi título se me conceden, y las mismas que en nada quedarían si siguiera tratándome como a un trapo, y dándome en lugar de gracias tan repetidos disgustos.*

*Y por lo mucho que conduce a este fin, y a los demás que comprende esta representación, debo recomendar a la superioridad de Vuestra Excelencia, haber el Director propuesto algunos individuos para la presente Expedición sin haber conferido conmigo, ni previniéndome si alguno de ellos pasaba en calidad de mi discípulo, pues en este caso principalmente debió esperar mi anuencia, no sólo porque era yo el que lo había de enseñar, sino también por ser en mi concepto este uno de los casos del artículo 7º de Instrucciones en que debe determinarse por pluralidad de votos.*

*Y en atención a todo, y a que las dos notificaciones que presento con la solemnidad y juramento necesario acreditan cuál es y ha sido el estado de mi salud contra lo que repetidamente afirma el Director.*

*A Vuestra Excelencia suplico se sirva proveer y declarar como llevo pedido. Juro lo nec. Dios guarde la vida de vuestra Excelencia muchos años. México y mayo 23 1790.*
*José Longinos Martínez*

## 4.13. Sessé al virrey. Valladolid 16 de agosto de 1790; (AGN 527)

*Excelentísimo Señor,*
*Muy señor mío y de toda mi veneración, la desgracia de una caída, que por sus circunstancias pudo ser mortal, y la inspección de muchas, y preciosas aguas minerales, que por todas partes brotan en esta Provincia, retardaron mi arribo a la capital hasta el 8 del que rige, en cuyo día recibí atrasados los dos oficios de VE que contesto por separado.*

*Son pocas las plantas raras que se han visto en esta excursión por la mucha analogía de los montes transitados, y los reconocidos en años anteriores; a que también ha contribuido la tardanza de las aguas, porque en todas partes vimos suspensa la vegetación hasta el mes pasado. En la parte occidental de estas provincias y costa del sur, por donde camino mañana, pienso trabajar con mejor suceso, tanto por la gran diferencia de climas, como por la mayor prodigalidad con que la naturaleza se presenta siempre en estado de ocupar los ojos del curioso observador.*

*Allí convendría dividir la Expedición por distintos rumbos, para espiar a un mismo tiempo la variedad de producciones con que el Criador ha dotado los diferentes temperamentos de este Continente, pero no podrá verificarse hasta que llegue el Naturalista, por falta de disecador.*

*Son tantas las incomodidades que por falta de auxilios y poblaciones ofrece esta derrota, como los riesgos de enfermedades, y animales ponzoñosos, que por este tiempo expatrian a sus habitantes; pero los desprecia todos el deseo que tiene la Expedición de adelantar sus descubrimientos. Animan esta resolución el ejemplo de VE y la esperanza de su protección si cada uno logra cumplir como se promete. Sin embargo, como no en todos influye un mismo espíritu, me parece oportuno se sirva VE mandar que cada individuo trabaje por separado sus observaciones, las que corregidas deberán unirse a la obra principal. Esta constancia del mérito de cada uno hará que todos se empeñen con el mayor tesón, y que nadie viva con recelo de que otro puede usurparle la gloria que le corresponde. Pudierais mandarlo, pues las instrucciones lo indican, pero temo desagradar más a los malcontentos y que alguno me vindique de ambicioso en el mismo hecho que procuro eximirme de esta nota. Además de que nunca el precepto es tan enérgico, ni se ve observar con tanta exactitud, como cuando dimana de la autoridad de VE.*

*Quedo pidiendo al todopoderoso nos conserve la importante vida de VE. Valladolid 16 de agosto de 1790.*
*Excmo Sr Blm de Ve*
*Su más atento y humilde servidor*

*Martín de Sessé*

## 4.14. Longinos al virrey 29 de Octubre de 1790; (AGN 527)

*En cumplimiento del informe que Vuestra Excelencia me pide sobre el reconocimiento de ambos fósiles, y el aprecio que merecen, digo que son dos pedazos del estipes o artil de palma, esta especie es una madera que es muy --- y porosa, (como lo son todas las palmas) es de la organización más a propósito según el sentir en los mejores naturalistas y observadores , para efectuarse en ella la heteromorpha o petrificación, esta operación que la Naturaleza hace con frecuencia sobre los cuerpos orgánicos, la imita también el arte valiéndose para su efecto de la organización más a propósito de estas maderas, o de las disoluciones en agua de sustancias más exactas (?) para el efecto. Las otras piezas, n°1 y 2 son especies de Phytolytos o petrificación de vegetales por la materia y vehículo del que son formadas se les da el nombre específico de <u>Litroxilon silicinum</u>. Son también de aquellas que llama el Caballero Linneo transubstantiata o de las que toda su sustancia orgánica se convierte en piedra: los cuerpos Animales y Vegetables se petrifican absorbiendo sucesivamente las partículas petrosas a medida que ellos se descomponen: los cuerpos Animales comúnmente atraen por la homogeneidad el vehículo petroso calcáreo y queda hecha una piedra calcárea que hace efervescencia con los ácidos; en los vegetales suele ser diverso dicho vehículo ya por la disposición de sus vasos y mecanismo de ellos, o ya por las sales que en sí tienen, y así por lo común se ve en estos que la sustancia petrosa es silicosa, de la que resulta una piedra dura vitrificable que no hace efervescencia con los ácidos y que echa chispas de lumbre hiriéndole con el eslabón como se observa en estas dos. Del mismo origen y naturaleza que estas están formadas las Ágatas, Calcedonia, Sardónica, Cornalinas, Pórfidos, Petrosílex, todas ellas aunque de una misma naturaleza son distintas especies que se diferencian por su dureza, transparencia, color y otros accidentes. La del número 1 es un verdadero Petrosílex por ser compuesta de partes más groseras que el sílex o pedernal, la del --- es un sílex sardónico por la transparencia que se observa en los pedazos pequeños, y color de cuerno. Una y otra son piezas dignas de un Gabinete. En estos se* *colocan todas las materias petrificadas por que se consideran como otras tantas medallas de la antigüedad depositadas por la misma Naturaleza en memoria de sus trabajos, fabricados en la superficie de la tierra; estas nos instruyen en los tiempos pasados de la misma manera que las medallas nos dan idea de antiguas y modernas capas o vetas de minerales en los parajes que fueron cubiertos por el mar de los animales y vegetales que los habitaron.*

*Alusivo a lo referido tengo ya colectadas muchas osamentas de elefantes petrificados de distintos remotos parajes de este reino de los cuales no dan razón ninguno de los historiadores que han escrito de este continente ni remotamente hay quien de noticia de cuándo ni cómo han venido a este reino los elefantes, no quedándome duda de que dichas osamentas son de elefante y no de gigante como han querido afirmar cuantos han hecho mención de ellos. Se podría muy bien apoyar con este principio cierto que los pobladores de este continente vinieron de Asia acaso con porción de estos animales respecto de tener ya en mi Gabinete fragmentos de más de seis.*

*El conocimiento de las petrificaciones es bien estéril e inútil pues apenas se saca utilidad alguna de estas materias a no ser que por su dureza y accidentes lleguen al grado de las referidas piedras vitrificables que bien labradas se hacen en ellas muchas piezas de estimación como la del número 2 que no deja de tener lugar entre estas.*

*Esto es cuanto puedo afirmar a V Excelencia del reconocimiento que he hecho en los dos fósiles adjuntos y del aprecio que merecen.*

*Dios guarde la Importante Vida de V Excelencia muchos años. México y Octubre 29 de 1790.*
*Excelentísimo Sr.*
*Firma: José Longinos Martínez*

## 4.15. Longinos al virrey 15 de noviembre de 1790; (AGN 527)

*Don José Longinos Martínez, Naturalista de la Real Expedición facultativa de Este Reino con el mayor respeto ante VE hace presente: que habiéndose quedado a la salida de la Expedición por acabar de restablecerse de sus tercianas, responder a la recusación que le hizo el Director y exponer los puntos más acertados, dictados por la experiencia para el mejor Servicio de SM, evacuado esto esperó como dos meses que tardó en dar su parecer el Señor fiscal de lo civil, pero como este no aclaró el asunto en disputa, en el que se vería el interés Real, el bien público y el implemento de las Órdenes del Rey, le fue preciso recurrir otra vez a VE especificando los puntos más esenciales para que en vista de ellos deliberase lo que fuese de su superior agrado, y que en caso de no tomarse nueva providencia declarase VE no es ni debe ser responsable el Naturalista de los malos sucesos que han ocurrido y los que en sucesivo son de esperar en su ramo, respecto no poder este obrar con la libertad y auxilios que necesita; dándole de todo testimonio, y que con dictamen del Sr fiscal de la Real Hacienda como parte que es en el asunto, y el de otros Ministros, pase el Expediente a la Corte para que se le dé cuenta a SM.*

*Como desde que el exponente hizo esta instancia han pasado más de tres meses, se halla en la precisión de volver a enviar a VE haciendo presente, que por haberse retirado las aguas y ser tiempo oportuno de poder ir a las costas del sur, le precisa dirigirse a la de San Blas y Californias, para su inspección por esta razón y por cuanto tiene expuesto.*

*A VE suplica determine lo que juzgare conveniente y respecto de los parajes a que tiene proyectados hay largas distancias sin el menor albergue de lugar, Hacienda ni Rancho, mande usted se le franquée una o dos tiendas de campaña de las que sabe se hayan depositadas en cajas y al mismo tiempo la orden para las pagar de sus mesnadas y el debido pasaporte*

*Dios que la importante vida de V M guarde muchos años.*
*México y Noviembre 15 de 1790.*

## 4.16. El fiscal al virrey. México 8 de Enero de 1791; (AGN 527)

*...Que cuando dictó su respuesta de 28 de julio del año pasado, creía que con el suave y prudente medio que propuso y tuvo a bien adaptar VE en su superior decreto el siguiente día, quedarían cortadas las discordias suscitadas entre el Director y el Naturalista de la Expedición Botánica. Pero notificada la providencia a D José Longinos, aunque al parecer dio muestras de aquietarse con ella en su representación a 31 de dicho mes de julio; a los dos días salió con la otra de 2 de Agosto siguiente en que concluye pidiendo formal declaración, de poder por sí solo hacer sus viajes y exploraciones.*

*En estas dos representaciones se explica ya Longinos en términos que no dejan duda, en que sus desavenencias con Sessé han pasado al extremo en enemistad capital irreconciliable; y por lo mismo suponen otras producciones de Sessé contra Longinos, que ha visto el fiscal en algunos oficios.*

*En el escrito de 23 de mayo en satisfacción a los cargos que le hizo Sessé, indicó otros contra éste, como lo fueron haber remitido diferentes producciones a personas particulares de que podría producir algunas listas; haber empleado el tiempo en paseos y diversiones; y que con este fin mantuvo la Expedición sólo quince días en Acapulco, donde hubieran sido pocos quince meses, y que en otros pueblos estériles como San Ángel y San Agustín de las Cuevas, fue la mansión tan larga como molesta. Pero en sus dos citadas últimas representaciones del 31 de julio y del 2 de Agosto, vuelve a repetir Longinos en la primera que Sessé ha regalado, sin decir a quién, diferentes producciones de las colectadas por el Naturalista, y entre ellas las apreciables piezas del caimán de cinco varas, que según dice Longinos, era digno de colocarse en el Real Gabinete de Madrid, donde sólo hay uno pequeño.*

*En la de 2 de Agosto se mete Longinos a querer enmendar las Reales Instrucciones hasta el extremo de suponer inútil la plaza de director, por su declarada emulación y enemistad con Sessé, y aunque no deja en producir algunas reflexiones oportunas, en orden al buen método y arreglo de las expediciones, la distribución de los trabajos, y la utilidad de hacerlo por sí solo el Naturalista en los parajes y sitios más convenientes para su peculiar dedicación; todo esto debía haberlo representado en tiempo, esto es, en las primeras expediciones o salidas, en que anduvo junto con Sessé.*

*Más sin embargo conoce el Fiscal que de obligar a Longinos a volver a incorporarse con él, sucederá lo que dice el primero en uno de los párrafos de su citada representación de 2 de agosto; es, a saber, que el provecho será ninguno, las disputas durarán y lo pagará la Real Hacienda.*

*Además de esto, Sessé en su representación de 2 de Agosto, reconoce, confiesa, y propone la necesidad de dividirse la Expedición en ciertos parajes por distintos rumbos para examinar a un mismo tiempo la diversidad de producciones relacionadas a cada Profesor, esto es, a la Botánica y el Naturalista; y también pide Sessé, que para mayor adelantamiento, y emulación de los individuos de la Expedición mande VE que cada uno trabaje por separado sus observaciones.*

*Esta solicitud y la propuesta de dividirse por distintos rumbos coinciden con las razones de congruencia alegadas por Longinos para fundamento de sus instancias; y cuando no hubiera otras consideraciones, sólo por la de que conviene en las críticas circunstancias de emulación, enemistad, y envidia en que el diferente genio, y carácter de cada uno los ha puesto; puede la superioridad de VE condescender a la pretensión en que concluye Longinos en su citada representación de 2 de Agosto por el beneficio de la paz y por el mejor servicio del Rey, que ella no podrá conseguirse de otra forma.*

*VE si lo tiene por conveniente podrá servirse determinarlo así, y mandar que esta providencia o la que fuere de su superior agrado tomar en el asunto, se haga saber a Longinos; se comunique a Sessé para su respectiva inteligencia; y que se dé cuenta a SM con testimonio de todo el Expediente para que consten a su Soberanía los motivos que obligan a tomar este sesgo interinamente, hasta que se digne resolver y mandar lo que sea de su soberano agrado.*

*Y por cuanto Longinos no ha perdonado la indiferencia, rectitud e imparcialidad con que el Fiscal se maneja en todo el asunto, es para reconvenirle en términos demasiadamente impropios, de que se desatendió; de que también Sessé visitaba enfermos, había hecho regalos, y el Botánico puesto botica; para que no corran impunemente semejantes expresiones; debe el Fiscal estampar en esta respuesta, que lo menos malo que puede haberse hecho es que el Botánico don Vicente Cervantes, que es un excelente boticario, haya puesto botica, si por atender a ella, no desatiende los demás importantes ramos de su comisión; que las visitas de Sessé le consta que han sido muy pocas a personas particulares, por afición, conexiones, o dependencia del trato civil y político, más no por el interés del dinero, que es el que ha gobernado en las visitas de Longinos; y que, en punto a regalos, pensó no fuesen de la entidad y transcendencia que ha manifestado Longinos en su representación de 31 de Julio; supuesto que entre las producciones regaladas se comprende la pieza apreciable del caimán de cinco varas que debe recogerse con cualesquiera otras que haya en igual especialidad entre las regaladas.*

*VE podrá mandar, si lo tiene a bien, que Longinos presente las listas, que dijo podría exhibir con expresión de las cosas, producciones y sujetos a quienes Sessé las haya remitido o regalado y que con ellas vuelva al fiscal este expediente para promover y pedir la recuperación de aquellas piezas dignas de enviar al Real Gabinete y pedir lo demás que convenga sobre este punto, que tanto interesa al honor de Longinos, al bien de la Expedición, al de la nación, y a los intereses de SM que son las exclamaciones con que ahora le recomienda, y han llamado la atención del que responde.*

*México 7 de enero de 1791.*
*Alvar*
*México 8 de Enero de 1791*
*Como pide el Sr fiscal de lo civil.*

## 4.17. Sessé al virrey. 12 de enero de 1791; (AGN 527)

*Por varias consideraciones que produce el expediente promovido por uno, y el Naturalista don José Longinos Martínez y por las razones que V. Mgd. sienta en consulta el 16 de Agosto último sobre la necesidad de dividirse la Expedición en ciertos parajes, por distintos rumbos para examinar a un propio tiempo la variedad de producciones relativas a cada profesión, he determinado por decreto del 8 del corriente que Longinos haga sus viajes y observaciones separado de la expedición, mientras SM a quien daré cuenta, resuelve lo que sea de su soberano agrado, cuya providencia comunico a V Mgd. para su gobierno*

*Considerando también útil y conveniente lo que Ud. me ha propuesto en su citada consulta, esto es que cada individuo trabaje por separado sus observaciones, a fin de que estimulados de su propia gloria, se dediquen con actividad y cuidado al desempeño de las obligaciones de su instituto, he resuelto se haga igualmente como Ud. lo propone y lo haré así saber a todos los individuos que le acompañan.*

*Dios G 12 de enero de 1791*
*Martín de Sessé*

## 4.18. Sessé al virrey. Zapotlán 13 de febrero de 1791; (Museo Naval 562, 329-334)

*A vista de cuanto Vuesa Excelencia me previene, y manda en sus dos superiores oficios, de 12 y 18 del pasado que recibí con algún atraso, me parece justo exponer a Vuesa Excelencia algunas razones que encuentro, no para que Longinos deje de viajar separado de la expedición (pues, antes, esto es importantísimo a la quietud de todos), sino para no acceder a la entrega de los libros que viciosamente demanda con el siniestro fin de impedir o cerrar todas las puertas a esta expedición para que no continúe trabajando en aquellos ramos que por capricho se quiere adjudicar, sin que en las instrucciones encuentre capítulo alguno que indique tal distinción.*

*El principal objeto que se propuso el Soberano en el proyecto de este costosísimo viaje fue el de ilustrar y perfeccionar la obra del célebre doctor Hernández, que se está imprimiendo de su real cuenta y orden. Así se expresa en nuestros títulos y se nos reencarga en los artículos 4 y 6 de la instrucción que se nos dio firmada por el señor Secretario de Estado para que nos sirva de Gobierno en el orden de nuestros trabajos. Este autor escribió su obra en latín nada vulgar, de cuyo idioma no tiene don José Longinos el más remoto principio; por consiguiente se haya imposibilitado para cumplir con este importante cargo. (Siento verme en la precisión de degradar el concepto en que se haya este individuo, aunque sea por el artificio y perspectiva, y poca inteligencia de algunos que, asomados en su Gabinete, han querido graduar el mérito de la Historia Natural por el mecanismo de sus manos, al modo de aquellos eruditos que analizan y censuran una obra por la pasta que la cubre, encuadernación y carácter de letra en que está impresa (párrafo tachado)). Pero también miro con dolor que, en cuatro años, no haya contado la pluma para describir su primera observación, y que haya querido autorizarse para continuar este daño comiéndole al Rey el sueldo ocupado solamente en el interés de sus particulares ideas.*

*Longinos, excelentísimo señor, no se haya con capacidad para escribir ninguna especie de obra, aunque sea en el idioma vulgar. Carece de instrucción e inteligencia en los autores maestros cuyas huellas es forzoso seguir para caminar con acierto; le falta estilo y carece de ortografía. En México ha podido encubrir esta escasez de elementos, tan necesarios para ingerirse en cualesquiera ciencia, valiéndose de su compañero y mi condiscípulo D Mariano Aznares, monstruo de ingratitud que, olvidado de los mayores beneficios y convirtiéndolos en injustos resentimientos porque no hice la injusticia de proponerlo en lugar de Senseve, sin haber saludado la Botánica y con agravio de los que habían dado públicas muestras de su adelantamiento en ella, fomentó la insurrección de Longinos, cooperó al proyecto de Gabinete y extendió los capítulos insertos en la gazeta (olvidando aquel de su principal obligación, se distrajo la mitad del año de 89 y todo el de 90) sobre este punto, en los que Longinos aparece con distinto colorido del que tiene para con los ignorantes de esta trampa.*

*No me explicaría, con una verdad tan desnuda que podía reputarse por calumnia, si cada una de sus cartas y oficios originales, que corren en el expediente de nuestras desavenencias, no fuera un testimonio que la calificara con evidencia, y si no conociera que, cualquiera disimulo en este lance, viene a ceder en perjuicio del real servicio.*

*Conoce muy bien Longinos la imposibilidad de su empresa; pero sabe al mismo tiempo que, viviendo subordinado, no podría perseverar por su conveniencia en la capital los años enteros, ni en los viajes distraerse con la colección de objetos comunísimos en Europa, contra lo prevenido en el artículo 6 de las instrucciones, y con la mira de dar valor a su Gabinete. A mi ejemplo, debería abandonarlo todo por la obligación: viviría sus incomodidades y peligros, y, finalmente, habría de ocuparse todo en el desempeño de su instituto, posponiendo el lucro, que por otra parte ofrece la profesión, de cada uno y ha sido el principal móvil de sus conmociones, aunque disfrazado con aparentes sombras del mejor servicio.*

*De lo dicho se infiere cuán impertinente sea la pretensión de los libros que Longinos demanda, sabiendo que los pocos que poseemos están en idiomas que le son desconocidos, que existe ociosa en su poder, por falta de inteligencia, la mayor parte y más selecta que nos ha venido del reino animal, que de ningún autor tenemos los ejemplares duplicados, y finalmente, siendo notorio por el prospecto de su Gabinete, que en él se haya una excelente biblioteca de Historia Natural y que, aunque en esta parte haya tanta exageración como en el resto de aquella pintura, lo cierto es que ha tenido los suficientes libros para arreglar (según dice) metódicamente su museo, en que se cuentan producciones de todas clases, cuya prolija diligencia exige la consulta de muchos más autores de los que debe y puede cargar un viajante.*

*José Francisco Bravo Moreno y Emilio Cervantes Ruiz de la Torre*

*La expedición trabaja con esmero en los tres reinos de la naturaleza, y sólo así cumple con la obligación que le imponen las instrucciones, las que, lejos de hacer la división de cargos que Longinos pretende, mandan que todos se dediquen hasta al ramo de dirección, que es el que parece podría serle peculiar o privativo respecto de haber sido el único objeto que se tuvo presente en la elección de su empleo. Pero, despojándola de los cuatro únicos autores incompletos que le sirven para el conocimiento de los individuos, será preciso que se suspenda la mucha parte que lleva escrita, principalmente en el reino animal. Nada de lo referido conspira a la reunión de Longinos con la expedición, ni menos tiene por objeto oponerse a la muy prudente resolución de Vuesa Excelencia. Debo perdonar, pero no apetecer, la sociedad de un individuo que continuamente me insulta, que, en lugar de descargos, ha producido contra mí en sus escritos multitud de injurias y calumnias, que ha procurado erigir su concepto sobre las ruinas de mi opinión y que, finalmente, había de turbar muy pronto la fraternal armonía en que siempre ha vivido la expedición ausente de él.*

*Para que don José Longinos pueda trabajar separado y con alguna utilidad, conviene que se le agregue uno de los dos botánicos (sic.) que me acompañan. Con el auxilio de éste, podrá entenderse e ilustrarse la obra del doctor Hernández, se describirán los objetos en el mismo idioma que aquel insigne español y es el que usamos todas las expediciones costeadas por Su Majestad a imitación del modelo que cada una tiene de la corte. Al mismo tiempo podrán ocuparse en la especulación de plantas y demás objetos naturales, como lo hará mi división, y es seguramente el mejor medio para asegurar nuestros descubrimientos, pudiéndose considerar que las dos divisiones serán dos exploraciones completas.*

*En este caso, es indispensable que lleven uno de los dos dibujantes que me acompañan, porque las plantas, que deben mirarse con preferencia, no sufran la dilación que los animales disecados, los que a cualquier hora podrían dibujarse si están bien preparados. Así, vemos que la mayor parte de las láminas contenidas en las más famosas obras del Conde de Buffon, y otros célebres naturalistas, que no viajeros, han sido sacadas de los objetos contenidos en los gabinetes. Pero, perseverando unido este cuerpo de expedición, se hace imposible que un solo dibujante pueda delinear la multitud de objetos que a cada uno se le presentan. Ocupados los dos incesantemente en solas las producciones desconocidas en Europa, ningún año han podido concluir sus duplicados y actualmente se hallan con el residuo de más de ciento. Si, no obstante esa consideración, Vuesa Excelencia tiene a bien que, para solo Longinos cuyos trabajos dan espera, se destine un dibujante, suplico a Vuesa Excelencia se sirva mandar que lo saque de esa Academia y que se le pague de mi sueldo a fin de que esta obra no tenga interrupción, ni deje de continuarse con toda la extensión que se ha emprendido.*

*Si para obviar el gran atraso que ha de tener la edición de esta obra, siempre que desde aquí no vaya con algún arreglo, y para ahorrar los crecidos gastos de nuestros sueldos, que han de abonársenos por el erario en todo aquel intermedio, estima Vuesa Excelencia oportuno, como a mí me lo parece, que Longinos o su división, me remitan mensualmente sus observaciones con los dibujos y esqueletos para que, corregidas o anotadas por mí, como previene el capítulo de las instrucciones, se vayan incorporando en los respectivos volúmenes de la obra principal, se servirá Vuesa Excelencia mandarlo, como también que en tal caso no puedan las dos divisiones separarse a mayor distancia que la de veinte o treinta leguas, previniendo, al mismo tiempo, quién debe marcar los rumbos o distritos a que cada uno debe dirigirse.*

*Por las descripciones originales que cada uno conservará en su poder y las mismas copias que remitiré yo a la corte, a una con el cuerpo de la obra que cada excursión se trabajare, se verá si la corrección o notas han sido dictadas por el capricho o la inteligencia que se me disputa. Y si por ventura resultase en el examen que allá han de hacer los inteligentes, que Longinos o cualquier otro trabaja con más atingencia que yo, libre del empacho que en otro pudiera producir la autoridad de su empleo y posponiendo todo respeto al deseo del acierto, en que se interesan el bien del Estado y el honor de la Nación, estaré pronto a pasarle mis trabajos para que los revise y corrija. De todos modos, es muy importante que, cada cuatro o seis meses a más tardar, cada uno remita sus observaciones a Vuesa Excelencia y se dirijan cuanto antes a la corte para que haya constancia pronta de lo que cada uno trabaja, y a fin de que se sepan con la brevedad posible los desengaños o avisos oportunos para la corrección y perfección de cada uno en lo sucesivo.*

*No acabo de discurrir qué instrumentos pueden ser los que pide Longinos, cuando sabe que todos los correspondientes a la expedición consisten en dos microscopios, de los cuales tiene el mejor en su poder; en unos termómetros, que, por mal acondicionados pereció la mayor parte en el camino de España y los restantes en la primera excursión, teniéndome que valer en el día de los del señor José de Flores, y don Miguel de Constanzó; dos barómetros, de los cuales el uno tuvo la misma suerte en sus manos el año pasado, y el otro se quedó en México por no ser de mayor utilidad su observación respecto a la poca variedad que ofrecen las mayores alturas de reino comparadas con la de México; dos tenazas de coger mariposas, de que le remitiré unas; aguja, cincel y soplete, que tiene en su poder; dos o tres cajas de lata para insectos, que valen cuatro o seis reales; caso que no haya quedado alguna en poder de don Vicente Cervantes, a quien dejé encargados todos los efectos del Rey; y unos azadoncillos y jarras de lata para plantas, que no querrá como ajenos del ramo que él quiere abrazar. Sin embargo, para que en ningún tiempo pueda pretextar que se le ha escaseado el menor auxilio, por su dirección pueden hacerse y se le abonarán los que faltan.*

*Tampoco puedo comprender con qué objeto pedirá los dibujos de los pocos animales (la mayor parte comunes) que disecó en la primera excursión y corto tiempo que viajó en la segunda, sabiendo que ya estos se remitieron a la corte y debiendo ya estar evacuado todo el trabajo concernientes a ellos. Si pretende los duplicados, estos se hayan en México bajo llave que encierra papeles para mí muy importantes, por lo que no podrán entregárseles hasta mi regreso, caso que Vuesa Excelencia lo tenga por conveniente.*

*Es cuanto me ha parecido justo exponer a Vuesa Excelencia en obsequio del mejor servicio de Su Majestad y del mejor acierto con que deseo se termine la importante obra que tiene a su cargo esta expedición.*

*Dios guarde la vida de Vuesa Excelencia muchos años. Zapotlán, 13 de febrero de 1791.*

## 4.19. Longinos al virrey. 20 de enero de 1791. Sobre producciones dadas. (AGN 527)

*Excmo. Sr.,*
*En vista de la razón que pide el Señor fiscal sobre el paradero del caimán, y otras producciones naturales colectadas por mí en Acapulco, y entregadas al Director, tenga presente se halla el primero, y una iguana en poder de D Juan Satelices; diez o doce pescados sirvieron de juguete en un convite en casa de doña Felipa Calderón, y otra vez otros tantos echó a perder ensayándose en ellos un amigo del director; a casa de don Francisco Carrillo pasó algunos otros pescados y otras producciones, pero sin seguir adelante el medio menos violento de averiguar el paradero de todo me parece es el de tomarle cuenta de lo que yo colecté el año pasado, por cuyo medio se sabrá el destino que ha dado a ciento veintitantos pescados, dos cajones de aves, varias producciones de mar, caracoles, conchas, (virofitos?), diez especies de estrellas marinas, seis de erizos, variedad de maderas, semillas, gomas, muestras de minas, piedras y -----, y aclarándose este hecho tan violento espero le hará usted entender al director cuán distintos son sus procedimientos a las intenciones a que se dirige esta y las demás expediciones y lo que tenga V Excelencia por consideración.*

*Dios guarde la vida de VE muchos años. México 20 de enero 1791*
*Excmo Sr*
*José Longinos Martínez Garrido*

## 4.20. Sessé al virrey. Guadalajara, 22 de julio de 1791; (AGN 464)

*Excmo. Sr.*
*Por el correo dirijo a VE un cajón con dos tomos de manuscritos en folio y (número ilegible) dibujos de las producciones más raras que se han observado en la última excursión. Podrá V. E. permitir, siendo de su superior agrado, que Cervantes lo abra para que, reteniendo*

*en su poder el duplicado de Dibujos, y dejando ver todo a los Profesores Naturalistas que existen en esa capital destinados a dar la vuelta al Mundo, y tienen deseo de informarse de lo colectado por nosotros, lo rotule de nuevo y remita al ministerio por el próximo correo.*

*No se puede arreglar lo respectivo al Reino Animal, y Mineral mientras el naturalista don José Longinos Martínez no me remita lo que hubiere trabajado en estos dos ramos para clasificarlo como corresponda según el sistema que nos está mandado observar.*

*Por lo que habiendo de ser uno el cuerpo de esta obra en que se reúna, y coordine lo tratado por todos, para poderlo verificar cuanto ---- si VE lo tiene a bien podrá mandar que D. José Longinos Martínez me pase copia de sus observaciones quedándose con los originales para que en todo tiempo haya constancia de los trabajos como lo practican los demás individuos de esta expedición en virtud de lo mandado por V.E.*

*Ignorando yo lo que Longinos trata resulta también el grande inconveniente de devengar muchos gastos superfluos en la colección – objetos multiplicados, y perder en su observación el tiempo que hace falta para la de otras producciones. Conociendo esto muy bien, el Sr don Antonio Pineda me ha pedido, y le preparo catálogo de todo lo recogido por nosotros en este Reino para que así se excuse de disecar y fijar los objetos que ya poseemos, haciendo por su parte lo mismo para no tener gastos en la colección, diseños y transportes de lo que ya el hubiera observado.*

*Aquí quedarán en el poder del Señor ----de esta intendencia cuatro cajones con herbarios, y piezas disecadas, si antes de nuestra salida que será el veintisiete del que rige, no se proporciona persona que los conduzca con seguridad.*

*Dios guarde la vida de V.E. muchos años. Guadalajara, 22 de julio de 1791.*
*Excmo Sr.*
*Martín de Sessé*

## 4.21. Sessé al virrey. 2 de julio de 1794; (AGN 527)

*Sessé al virrey, 2 julio de 1974.*
*Excelentísimo Señor,*
*A los 37 artículos de que se compone la torpe, osada e infiel representación de D José Longinos Martínez, contestaré por su orden, para que en el examen particular de cada uno, y su impugnación, quede convicta la salvedad de todos.*
*1º El primero que actuó en aquellos ejercicios; el primero que oró y energizó las dudas de los replicantes; y el que ocupó la derecha de su maestro fue don Vicente Cervantes. Luego no puede llamarse el primer actuante D José Longinos, aunque en la Gaceta, por seguir el orden de las Facultades, se le nombre antes que al otro.*
*2. Es la primera noticia que tengo de que Longinos fuese solicitado, y tan rogado como supone para la plaza de Anatómico del Real Colegio de Cirugía de Madrid. Ni es verosímil que la estuviese tan exhausta de profesores que para un ejercicio público fuese preciso apelar a hombre de tan poca instrucción como se advierte en su original contestación que acompaña a la representación principal y en cuanto de su propio numen ha presentado a VE el menor principio de educación literaria. No es lo mismo hablar de Zoofitos, madréporas y otras producciones naturales entre mujeres e ignorantes, que presentarse en un anfiteatro a tratar de Anatomía; ni tampoco puede compararse el estudio de seguir un nervio, o arteria delicada, con el de copiar un pez, o un pájaro, mecanismo encanto de necios que entienden con perfección otros criados de mulas, y hasta la Indica que le acompaña en sus expediciones y quien descarga este trabajo.*
*No dicen nuestros títulos que las Instrucciones debieron entregarse precisamente en Madrid, como quiere Longinos. Luego que llegaron a esta capital se me confiaron las originales, para que en mi casa hiciese sacar las copias correspondientes por hallarse la secretaria muy embarazada y falta de manos para entretenerse en esta ocupación, de que podía yo exonerarla, como puede verse en la Orden de 9 de Abril de 1788 comunicada por el Señor don Manuel Flórez, y como le consta al mismo Longinos, que estaba de huésped en mi casa, y vio sacar dichas copias que repartí inmediatamente a*

todos los subalternos firmadas del secretario don Francisco de Córdoba, aunque en los principios de su insurrección negó Longinos haber recibido la suya que por no diferir la urgente contestación sobre los artículos en que fundaba su independencia y sobre que importaba instruir prontamente al Ministerio, le dí firmada de mi mano. Pero es tan falso que ignorase Longinos el Auto que las dispuso, de orden de quién y en dónde, que a su vista se formaron en casa de don Casimiro Gómez Ortega, y las miró con tanto cuidado, que nombrándose en ellas por segundo Jefe de la Expedición al Botánico más antiguo, hizo variar este artículo replicando (ser) el más joven de todos, y por esta razón siempre el postrero, con que consiguió de su Maestro que se le diese el mando en segundo lugar. Testigo: don Vicente Cervantes. ¿Y si (lo) presentó al Rey como indica, para que reclama ahora con falsedades? Diga lo que se le respondió y no reprenda con tanto atrevimiento la conducta del Ministerio, a quien debió reclamar entonces, si lo tenía por justo, y no reservar estas tranquilas para eximirse de la obligación.
Hace méritos de que a pesar de esta falta de formalidad en el gobierno ha trabajado con celo ardiente. Presente sus observaciones y se le creerá. Pero está tan distante del esmero que afecta, que pidiéndoselas me ha respondido que nada tiene arreglado.
La mayor ampliación y lenitivo que yo pude dar a las Instrucciones, para que de ningún modo sintiera la subordinación que tanto le violenta fue hacerme buen compañero, o Jefe sin otra voz que la del ejemplo, siendo el primero para todas y las más penosas tareas, como podrán informar cuantos me han seguido en los viajes. Esta igualdad, de que soy reo, fomentó la altanería de Longinos, hasta romper los grillos de toda obediencia, y declararse independiente en su ramo. Más adelante veremos qué ofrecí para ser Director de la expedición y si he sido obediente en este destino.
6. El artículo de las instrucciones que se cita se contrae a los viajes o salidas de más consideración, para las cuales quiero que nos acordemos y meditemos por qué Provincias pueden ser más ventajosas, dando a VE cuenta antes de emprenderlas, encargando lo mismo en todos los asuntos que por su gravedad o importancia exijan consulta, y deliberación. La salida del primer año estaba detallada por las instrucciones para las inmediaciones de México, y sin embargo se verificó con noticia del Señor virrey. Diga Longinos si hubo en aquella otro asunto de importancia que la

representación sobre reforma del tribunal de Protomedicato y si para esta firmaron todos o no.
Para la segunda, y última que Longinos ha querido estar en mi compañía, informen todos los de la Expedición si acordamos ir hacia Acapulco y ... ¿para qué eran las firmas de todos si no había más que un dictamen? A la verdad me parecieron excusadas; y así lo hice y presenté en nombre de todos al Excmo Sr don Manuel Flórez, y con su anuencia se verificó la salida habiendo hecho siempre lo mismo como consta de los oficios que sobre este punto existen en la Secretaría del Virreinato, y como pueden informar todos los individuos de la Expedición. Si Longinos no ha vuelto a estar en compañía de la Expedición... ¿Cómo se le ha de haber citado a Junta? Acaso dirá que la reforma de Senseve y propuesta de Mociño debieron ser con su acuerdo. La primera se me encargó a mí por don Casimiro Gómez Ortega, y la segunda la consulté verbalmente con VE y me mandó proponerle, en muestra de que si el Jefe de un cargo no tiene la facultad de proponer los empleos... ¿Cuáles son sus regalías? Dirá Longinos que ningunas, porque para todo quisiera Junta, que es lo mismo que querer igualdad en todo. Cite algún caso de entidad en que contra el espíritu de las instrucciones haya yo deliberado por mí solo. Y si falté a sus derechos, ¿Por qué no reclamó oportunamente y reservó para eximir ahora de la obligación?
# Está contestada en el antecedente
# Mil pesos anuales están asignados para gastos de Expedición. He percibido cinco mil haciendo seis años que empezó esta: luego no he percibido ni aún lo cabal. De ellos se satisfizo a Maldonado; se satisface a Villar, ambos con acuerdo de VE y no por mi arbitrio: de ellos se han suplido todos los gastos de Expedición; De ellos se paga al Indio pajarero que con tanta utilidad, menos gasto y más duración prepara la multitud de aves exquisitas que se han colectado en ausencia de Longinos; y finalmente daré cuenta bien comprobada de su inversión; no como lo ha hecho don José Longinos formada a su antojo sin documento alguno que lo justifique, y aumentada considerablemente en el mayor número de sus partidas, como hace ver por separado al tratar de este punto.
Baste por ahora decir que si no quisiera satisfacérsela no se la hubiera pedido el primer día que me visitó; que tardó tres meses en presentármela; que me la entregó sin firma y exigía su cobro sin este

*requisito: que por ella y su diario resulta haber dos Longinos en la Expedición: que advertido de las exorbitantes diferencias que encuentro contra la Real Hacienda le he convocado amistosamente de palabra y por escrito para reformarlas antes de exponer su crédito en los Tribunales; y finalmente que no quisiera tratar ahora de ella, reservándolo para tiempo más oportuno, como él mismo dice. Podrá haber pruebas más evidentes de su ilegalidad? Que tiempo más oportuno ni cuándo se ha de hacer justicia con más actividad que en el Gobierno de VE? Falta en México ésta que quiere reclamar al Rey antes de ser oído aquí? ¿Qué ocupaciones pueden embarazar la ligera diligencia de pedir lo que justamente se le deba? Yo lo diré.*
*Conoce y teme Longinos las justificaciones de VE. Ha visto en mi poder el mismo diario que presentó a VE. Sabe que este se implica con la cuenta: que por el comparece haber dos Longinos en la Expedición, uno que subió hasta San Francisco, último establecimiento de los españoles en la Nueva California, y otro por rumbo distinto hasta el Rio Colorado, siendo falso lo uno y lo otro, e inciertas las distancias que se le cargan al Rey aunque se junten las de los dos Longinos. ¿Cómo a vista de esta iniquidad y otras muchas que el ve probadas por su mismo diario, ha de demandar el pago de la cuenta, aguarda a que se vaya VE para que no exista este testimonio de su infidelidad digna del mayor castigo, no tanto por el vil interés a que ascienden todos los autos, como por la falta de verdad que ha distinguido a los viajantes españoles entre todas las naciones ¿En qué perjudica a Longinos ni a la Expedición que hace Mociño a quién llama discípulo o agregado pudiendo ---su maestro y en compañía del pintor Echeverría? El mismo sueldo goza Mociño en México que en campaña y...¿No es mejor que lo disfrute examinando la parte más amena de este Reino? Por lo que respecta a Echeverría tengo representado a VE que yo satisfaré sobresueldos siempre que no se apruebe aquella excursión. Se supone con falsedad reconocido por Longinos el Puerto de Veracruz, y se critica como viciosa o inútil la detención de Mociño, cuando sabe VE que no ha cesado de clamar por las órdenes para su salida, hasta que impaciente la ha verificado sin otros auxilios que los que yo le puedo franquear por medio de amigos y correspondientes. Estas son las acusaciones que podrá hacer Longinos. Franquear arbitrios para que no cese el servicio en mí es culpa. Trabajar con el fruto que él*

mismo ha visto, en Mociño es delito porque en realidad lo primero es contraposición de su codicia, y lo segundo bochorno de su ociosidad e ignorancia.

10. *Aquí se censura de tres modos la conducta de VE. En el primero por no haber separado de la Expedición a Mociño luego que VM lo resolvió; en el segundo por haber consentido que continuase viajando a mis expensas, como si en esto pudiera ofender que a Longinos, cuya pobre alma víctima de la más negra emulación siente ver revivir a todos cuantos le compiten o exceden la gloria de un verdadero mérito y en el tercero por haberle nombrado substituto de Cerv.*

*Tiene por inútiles sus excursiones y ójala pudieran ser tan útiles las de Longinos. Compárese el diario de Nutka y el de California y se verá el mérito de cada uno, pues la misma o mayor diferencia advertirán los naturalistas en los ramos de que tratan ambos.*

*Se queja de que no le mandé los libros y pintor que pidió a VE, teniendo él solo más libros que toda la Expedición junta, y siendo más preciso el pintor para los ejecutivos de las Plantas, como representé a VE cuando me comunicó la orden, ofreciéndome a costear uno de esta academia, por no poderme desprender de los dos que tenía ocupados en todas las ramas de la Historia Natural.*

*Si yo no hubiera tomado esta generosa resolución, o si hubiera dado a Longinos el pintor y pocos libros que me quedaban, no nos hallaríamos en el día tan ricos de animales como nos vemos. Compárense sus catálogos decantados, con mis manuscritos, y dibujos, y veremos si tiene vista ni la tercia parte, ni si puede añadir una décima, con sus vociferadas miles de leguas imaginarias.*

11. *Cada uno es responsable de los trabajos de su ramo, y yo de que todos cumplan en el suyo. Por procurar que así sea tenemos estas disputas. Consintiera yo que Longinos viviera a su libertad olvidado de su obligación, como estuvo los cinco meses que usó de licencia por muerte de su mujer, los trece que perseveró en México cuando la Expedición salió para provincias internas, los diez que permaneció en Loreto y el año que se entretuvo en Tepic sirviendo en aquel pueblo por falta de cirujanos, y todo sería tranquilidad. Si es falso haga presentes los manuscritos que coordino en tan largas manis...*

*Cuatro meses que invernó la Expedición en Guadalajara fueron suficientes para arreglar los dos tomos en folio, que por mano de VE remitió a la Corte, y él en tres años y medio contando desde su último arrivo a esta capital, diga ¿Qué es lo que ha arreglado? Fácil de inferir; porque si en tres meses que ha se le obligó por VE a trabajar, sólo lleva descritos 26 pescaditos que el más rudo naturalista evacuaría en una semana, debemos creer, que entregado todo a su propio interés de servir al público, habrá hecho muy poco o nada. Finalmente, yo lo pido, y nada se me presenta, que no es la mejor señal.*

*A su presencia se han dibujado 4 de dichos peces ¿por qué no previno al pintor lo que debía hacer? Si procediera de buena fe, hubiera dicho en el acto lo que estimaba necesario, pero su malicia acumula pretextillos para llenar pliegos de recursos intempestivos. Además que el pintor se sujetó a lo que veía, y a la descripción del mismo Longinos para lo que no estaba patente, que es cuanto podía prevenirle este, porque el dibujo no es más que una descripción a la vista.*

*12. Me costaría más trabajo desairar al último subalterno que a Longinos insultar el respeto de VE repitiendo a cada paso que reserva sus quejas y ocursos al soberano, como si ante VE pudiera faltarle la justicia, o desestimarse sus razones, y en prueba de esta verdad, sírvase VE preguntar a todos los dependientes en qué he podido abochornar a ninguno de ellos, y si han llegado a entender algo de lo que en tres distintas veces le he dicho a Longinos por vía de corrección en sus trabajos.*

*13. Confiese toda la Expedición y él mismo Longinos (si alguna vez es capaz de sacrificar encono por la verdad) quién de la Expedición ha trabajado más ni tanto como yo; o compárense sus trabajos con los míos, y se verá quién de los dos ha sido el ocioso.*

*14. Como estoy bien enterado del respeto que debe guardarse a la autoridad de cualquier virrey, y de los conductos que deben llevar las solicitudes regulares, nunca he ocurrido directamente al soberano (como piensa hacerlo Longinos desconfiando de la Justicia de VE) sin presentarme primero a esta superioridad; por consiguiente existen en esta secretaría testimonios de todas mis representaciones relativas a Jardín y Expedición: en ellas se verá si alguna vez he ofrecido establecer el Jardín Botánico y ejecutar las Expediciones sin costa del Erario, o si para obtener el empleo de Director me he supuesto alguna vez instruido en el idioma mexicano.*

Es verdad que viendo diferirse demasiado la resolución de mi propuesta dije confidencialmente a don Casimiro Gómez Ortega que si la tardanza y la dificultad consistían en los gastos que exigía esta empresa, tal vez se podrían proporcionar algunos arbitrios que pudiesen resarcirlos; cuya especie trasladada con igual confianza por don Casimiro al Señor Ministro dio lugar a que se me escuchase en esta parte.

Y que cuando se me indicó poder ocupar algún lugar en la Expedición, dije, que para no ser del todo inútil, procuraría instruirme en el idioma mexicano, que me parecía importante para el conocimiento de algunas producciones como efectivamente he cumplido en ambas partes. En la primera propuse arbitrios bastante pingües, que no ha parecido conveniente aceptar por razones que yo no penetro; y en la segunda, aunque no he tenido tiempo ni proporción de maestro para aprender el idioma mexicano, he adquirido las suficientes luces para desentrañar la significación de las plantas y demás objetos que pueden importar; y si desde los principios no me hubiera sido forzoso dedicarme enteramente a la Historia Natural, por no haber otro que pudiese desempeñar la comisión, como confesarán los hombres de bien individuos de ella, que vieron la disposición de cada uno, seguramente hubiera conseguido perfeccionarme en dicha lengua. Harto sentí ver que en el prospecto de la obra de Hernández se me suponía perito, cuando sólo tenía el deseo de serlo; y sería culpa mía si yo hubiera dado margen suficiente para aquella honra no merecida. Aquí es donde quisiera yo haber sido otro Longinos capaz de entender los idiomas sin estudiarlos.

Con la misma ingenuidad que como dice este en el artículo 20, confesé mi ignorancia en la Historia Natural me he explicado siempre acerca de mi corta idoneidad en las demás partes que pudieran contribuir al servicio de mi comisión; y si hubiera considerado que la inteligencia de este idioma era tan precisa como el Sistema de la Naturaleza, me hubiera aplicado a el con igual empeño.

15. ¿Cómo no se ha de criticar el gasto de la empalizada, acopio de macetas, y otros vasos que fueron precisos para la primera siembra y dar principio a las lecciones, si aunque impropios han sido instrumentos para que se creasen Mociños, Montañas, Maldonados,

Peñas, Giles Leones y otros muchos discípulos que hacen sombra a Longinos con toda su vanidad y orgullo en la Historia Natural?
16. En el artículo 14 dije cuanto basta a subsanarme de esta calumnia.
17. He representado a VE con celo real y no aparente ni artificioso, ser precisa la concurrencia de todos para el arreglo de nuestros trabajos. Este es el punto cardinal de todas las desavenencias; esta mi ambición de autoridad: la sujeción que siente Longinos; y este el móvil de todas sus maquinaciones; no porque deje de conocer las ventajas de esta concurrencia, sino porque se opone a las de su bolsillo. Es verdad, que por su obstinada soberbia e incorregibilidad no saca de ella todo el fruto que pudiera, pero sin embargo es tan precisa como demostraré por todas las razones siguientes.
El primer Instituto de esta Expedición es ilustrar la obra del dr. Hernández. ¿Cómo podrá desempeñarlo Longinos sin principio alguno de latinidad y hallándose aquella en este idioma? ¿Dirá como acostumbra, que lo entiende sin estudiarlo? He aquí porque quería yo ser otro Longinos para la inteligencia del mexicano.
De las pocas y precisas obras que tiene la Expedición no poseemos más que un ejemplar. ¿Cómo podremos servirnos de ellas cuando se necesite si no es teniéndolas reunidas, y reuniéndonos nosotros para el trabajo?
Todos hemos tenido una misma obligación, y trabajado con el mismo empeño, aunque Longinos crea lo contrario. Por consiguiente –unos evacuadas las observaciones que otro dejó pendientes, y sabido en la concurrencia, se le excusa multiplicar este trabajo, y perder el tiempo que necesitaría para otros objetos.
Si se le dificulta a alguno el conocimiento de esta u la otra producción, que tal vez tiene ya conocida otro, y en cuyo examen invertiría días enteros, como suele suceder, especialmente a Longinos, por la menor inteligencia de libros, no siendo vanos, ni desdeñándose de preguntar unos a otros, se ahorrarán pérdidas de tiempo en averiguar una cosa que ya es sabida.
Finalmente, en las mismas dudas que suelen ocurrir, se acrisola la verdad, como efectivamente ha sucedido con los dos seres que cita en el artículo 2. A primera vista me hicieron dudar de su género, y tal vez me hubieran calentado la cabeza si antes de abrir libro no hubiera oído las razones de Longinos, sucediendo a este lo mismo con otros varios que había equivocado después de algunos días de

examen, y de cuantos errores le advertí, aunque no en todos ha querido expresar su convencimiento.

Si a vista de estas consideraciones se persuade VE que la concurrencia a mi casa puede impedir la aplicación, laboriosidad, y el amor al Real Servicio, como dice Longinos, puede VE eximirlo no sólo de ella, sino también del acuerdo que previenen las instrucciones a todos sus trabajos, que lo restante de la Expedición, libre de la codicia que hace maquinar tanto a Longinos, y poseída no de afectados, sino de verdaderos sentimientos de honor, ha conocido muy bien y --- estas asistencias, así como por la recíproca distracción que reciben todos, y como por conocer que son indispensables para la correcta coordinación de las observaciones.

18. Diga Longinos y toda la expedición qué otra superioridad codicio yo, y qué otras facultades me he abrogado más que la de trabajar, no como jefe, sino como subalterno, y la de querer que todos me imiten? Pero tiene razón Longinos: son para él estos crímenes muy graves. El primero porque abochorna el magisterio del que blasona entre ignorantes a la sombra de cuatro títeres que hace ver en su Gabinete como prodigios de su habilidad, no siendo más que un mecanismo que desempeña el más rudo patán que quiera dedicarse cuatro días a estas operaciones; y el segundo, porque le impide estar todo el día lucrando en el público.

Si esto es falso por qué no me presenta los trabajos y observaciones que ha hecho en cuatro años que ha vivido a su libertad. Seis descripciones de peces fueron el fruto de mes y medio que le permití trabajar en su casa, y esto amonestado por VE, sin cuyo recuerdo lo más olvidado que tenía era el cumplimiento de esta obligación, que debía haber hecho en el sitio donde se colectaron, estando presto para poder ver con prolijidad todas sus partes, y a presencia de sus preciosos colores, que pereciendo con el tiempo, exponen a equivocación si no se expresan con propiedad en las descripciones.

De las producciones que trajo de Acapulco, le remití las únicas piezas que eran dignas del Gabinete, y que por raras, son las únicas que se mandan colectar en las Instrucciones. Quise arrojar las demás después de tomar los apuntes que se nos previenen en toda clase de objetos comunes, reservando en mi poder algunas muestras, por si llegaba este caso, para hacer ver el poco discernimiento con que hace sus colecciones, perdiendo el tiempo y erogando gastos superfluos en acumular objetos de que se pueden cargar navíos en

*cualquier puerto de España, como confesará cualquiera que haya estado en ellos, y asomádose a sus pescaderías. A estas reconvenciones me respondió que servirían para su gabinete, lo que no consentí, por no abrigar esta distracción de su principal Instituto.*
*19. Está contestado en los dos antecedentes.*
*20. Confesé como hombre de bien, y en tiempo oportuno, mi ninguna instrucción en la Botánica, sin acordarme de los demás ramos de la Historia Natural, porque quería que para una obra tan interesante, se hiciere elección de sujetos que pudieran dar lustre a la Nación y proporcionar la mayor utilidad al Estado. Si fuera capaz de engañar al Rey como ha supuesto Longinos en el Artículo 14, o si en mí hubiera la ambición de mando que me imputa, no hubiera hecho una confesión tan ingenua. Hubiera procurado aparentar ciencia como él, huyendo de los instruidos y charlando entre los ignorantes.*
*No es sufrible la maldad de suponer y publicar en todo México que las primeras lecciones las recibió de su explicación, y descripciones cuando su principal estudio, y detestables máximas han sido ocultar lo poco que sabe, y obstruir los conductos para que nadie pueda saber: Diga toda la Expedición si alguno le ha visto despegar sus labios para explicar alguna duda? Si le han visto alguna descripción en el tiempo que viajó en mi compañía? Si se ocupó en otra cosa que armar pajarillos con que poder alucinar al ignorante vulgo? ¿Digan todos por fin si la grande alteración que tuvimos en Cuernavaca, cuando mandé que se trajese un cajón de aves a mi casa, tuvo otro principio que el de no haberme dicho las especies que eran, ni manifestado sus descripciones como debía? Jure el mismo (si tiene religión) si la primera que me ha enseñado fue hará tres meses y medio por mandato de VE? Y todavía tiene la audacia de publicar que por ellas he aprendido? Pero, para qué nos cansa más? Véanse las que acaba de formar al cabo de seis años de ejercicio, y no es menester estar instruido en la Historia Natural para percibir que se puede aprender de tanto barbarismo.*
*Dice que en mi casa no se trata de la materia ni se hace nada. Es menester mucho atrevimiento para mentir de este modo, cuando pueden confundirlo, no sólo todos los compañeros, sino también algunas gentes condecoradas que me han visitado y admirado la aplicación con que cada uno se ocupa en su ministerio. Pero,...¿Qué ha de pretextar quien sólo trata de sacudir el yugo?*

*Dudar yo a primera vista de los dos peces que tengo comparados, no es disputar; y concierne a las primeras razones de virtud que no posee Longinos; por lo que poca sale de su ignorancia; Probando --- algunas descripciones tan bárbara es la última como la primera, sin embargo de habérselas corregido por tres veces, hasta que desistí viendo que se despreciaban mis avisos.*

*21. Causa risa leer este artículo y ver que pretenda en él alucinar, no digo la gran penetración de VE, pero ni la del más ignorante. Supone que un Naturalista no puede hacer las observaciones fuera de su Museo. Sin duda en el de Longinos viven los animales, engendran, pastan, y hacen todas las funciones acomodadas a su naturaleza, cuando sin salir de él puede observarlas. Habrá camueso que ignore que esas observaciones deben haberse hecho en los montes, ríos y suelos nativos de cada especie? Los libros no puede consultarlos en mi casa, donde es preciso que se reúnan para que puedan servir a todos cuando los necesitan? ¿Qué instrumentos ni qué máquinas se necesitan para ver un cuerpo disecado? A lo más una lente o un microscopio. Y este ¿no puede haberlo en mi casa? Las comparaciones de las especies análogas no pueden hacerse en ella? Aunque a la verdad comparaciones en cuerpos muertos y desfigurados siempre están expuestas a mucha equivocación y estas debieran hacerse en los vivos, o recientemente cogidos. Cotéjense las descripciones que hizo en su casa y se verá que son idénticas, sino más defectuosas, que las que ha hecho en la mía.*

*Ninguno de los muchos naturalistas que han corrido el orbe (sabemos que hayan necesitado de estos Métodos). Todos han hecho sus observaciones y descripciones en sus viajes; y en los mismos parajes que se les han presentado los objetos. Esto mismo debió haber practicado Longinos cumpliendo con el Capítulo 3 (?) de las Instrucciones, como hemos hecho todos, reservando solamente para las invernadas, el trabajo de ponerlas en limpio y consultar algunos autores, así por las dudas que ha ofrecido una u otra producción, como para ilustrar su historia con lo observado por ellos. Pero Longinos, con la máxima de alborotar el Mundo, no se cuida de más que de acumular cajones sin saber de qué. El fin es armar ruido y aturdir a los que sólo tienen materiales para ver las cosas, y no discernimiento para admirarlas y distinguirlas.*

*Si no me engaño me sugiere que había diez cajas de minerales. Por fortuna tenemos en México a don Federico Sines-Micho, hombre* científico en esta materia. Podría usted comisionarlo al reconocimiento de estos cajones, y nos desengañaría del fárrago inútil que hacina Longinos; y de los gastos que eroga al Rey con pérdida del tiempo más precioso, sólo con la mira de aparentar servicio, y la de llenar su Gabinete, sin tener empacho en decir después que este lo ha formado a sus expensas.

Por fin de este capítulo se supone que yo he reformado y variado a mi gusto algunos capítulos de las Instrucciones. Este es un crimen que no debe permitírseme, o una calumnia que no puede perdonársele. Sírvase VE pedir las que di a Longinos; y hacer que se cotejen con las originales que existen en la Secretaría, y averiguada la alteración, castígueseme con el mayor rigor, haciendo lo mismo con Longinos justificada su calumnia.

22. No habrá quien diga haberle negado la particular habilidad de disecar, con que se considera tan honrado. Es verdad, que cuando alguno de sus alucinados protectores ha querido darme a entender su magisterio, y desempeño de la Expedición, con oprobio e injusticia de los beneméritos, he prorrumpido con aquel nervio que inspira la razón ofendida en causa propia.

23. Puede vivir tranquilo con la buena conducta, celo y desinterés que tengo demostrados, y no entiendo a qué venga la expresión de que no salió de España condenado como vicioso. Si acaso es invectiva contra mí, queriendo decir que yo salí como tal, pido que me asegure la calumnia.

24. Están refutadas las sinrazones que recalca en este artículo.

25. Aquí es preciso preguntar ¿Si por estar prohibido a VE igualmente que a todo vasallo el contrabando y demás comercios ilícitos debemos considerarnos todos iguales en autoridad? Esta es la consecuencia que saca Longinos del capítulo 15 de las Instrucciones. Sírvase VE enviarle por Dios a la Convención de Paris, ya que es tan amante de la igualdad.

Tengo bien demostrado que no exijo, pretendo ni mando otra cosa que el cumplimiento de la obligación. Esta ley alcanza igualmente a quienes sirven al Rey en las armas, en oficinas y en cualquier otro destino. Si Longinos no tiene... ------

26. Si como confesará toda la Expedición, siempre he cargado yo con el mayor trabajo, lo estrecho del embudo ha sido para mí, y lo ancho para Longinos que ha descansado los años enteros, y sólo trabajado en apariencia y con esterilidad.

27. No se entiende el sentido de este artículo, pero es bien claro que mi honor y conciencia pudieron ser los dos duendes confusos de entusiasmo y despotismo, que me obligaron desde los principios a acumular plantas, y describirlas lacónica y defectuosamente. No vivo tan satisfecho de mi persona, que crea poder llenar el deseo de todos los botánicos; pero sí de que he hecho cuanto está de mi parte y de que hasta aquí han agradado cuantos trabajos he remitido a la Corte; ojalá que Longinos hubiera hecho lo mismo desde los principios y así ---estaría más adelantado, pero veo con harto dolor que con sus descripciones históricas, ni puede agradar, ni dejarse entender de nadie, si no es por adivinanza.

Si cree que sus descripciones son más exactas y metódicas que las mías, o que el puede llenar mejor la historia de algún objeto, punto muy ajeno de la descripción, aunque él lo confunde, salga a la palestra: encerrémonos en una misma pieza con producciones animales y vegetales: describámoslas: Sentemos toda su historia, y permitámosla a la censura de los inteligentes en cualquiera de los Reinos de Europa, depositando antes diez o doce mil pesos para la lid, que si ganare, cederé gustoso para guarda del Jardín, o para la impresión de nuestra flora. Este es el modo más seguro de aparentar magisterio, y acreditar la verdadera inteligencia.

28 Por el bien de la paz y no por otras miras que supone Longinos dictaminó el Señor Fiscal y accedió VE a que este viajare separado de la Expedición, providencia que yo solo puedo concebir la utilidad que ha traído, no por lo que él haya trabajado, sino por lo que han trabajado los demás sin su oposición, fundada en un privilegio exclusivo, que no le dan las instrucciones.

Al incorporarse sus observaciones con la obra principal, verá con algún bochorno lo poco que tiene que añadir con sus declamados viajes, y la poca falta que ha hecho en la Expedición, cuando en su inteligencia, o por máxima, aparenta ser el papel más necesario de ella. Pedía el pintor y los pocos libros que teníamos sin entenderlos, para desarmarnos, y libertarse de este ataque.

Si Longinos tuviera los deseos de viajar que aparenta, hubiera hecho las mismas instancias que Mociño, pero diga: ¿Qué gestiones ha hecho ni qué pasos ha dado para realizarlas?

29. Quien leyere este artículo creerá que yo impido trabajar a Longinos o que pongo límites a sus obras, cuando todas las cuestiones son porque se lo mando. Si yo sintiera verlo sobresalir le

dejara vivir ocioso, o distraído de su obligación, no le avisara de los errores que advierto: me viera en los desaires que le ofrecían estar al tiempo de entregar la obra. Pero no es así. Quiero que todos trabajen; que cada uno haga cuanto pueda y con la perfección posible, que es lo que debo procurar en obsequio del Rey.
30. Oigamos lo que dice.
31. Ha andado en tres años más de dos mil leguas examinando por menor la antigua y nueva California, y recogiendo no sólo la multitud de producciones que dice, sino las exquisitas noticias que presentó a VE en su diario. Si VE ha tenido paciencia para leer esta obrilla, o la única nota que yo puede sacar de su médula, podrá contestar a la primera parte de este artículo y hacerse cargo de lo que nos ofrecen los 10 tomos escritos y por escribir con los materiales acopiados.
Entre tanto respondo yo a la segunda que la oferta del Gabinete no es dádiva, sino es restitución, puesto que casi todo lo que contiene le ha costado al Rey su dinero ¿Quién le costeó la venida a América? El Rey ¿Quién le ha costeado los viajes para colectar las producciones de que se compone? El Rey. ¿De quién era el tiempo que ha invertido en colectarlas, disponerlas, y arreglarlas? Del Rey Y...¿Cómo tuvo valor de ofrecérselo como regalo y decir que se había formado a sus expensas: obsequio, a la verdad, digno de castigo. Porque, si se recibía, era preciso quedarle infinitamente agradecido, y si no alega la propiedad de lo que no es suyo, diciendo en el firme de su moral particular: Yo lo daba: No lo han querido: Luego puedo quedarme con ello. Ésta sí que es peor ley que la del embudo; y de esta naturaleza son sus generosidades, y laudables desintereses de que dona.
Nadie creerá, ni yo tampoco, que la repugnancia a trabajar en mi casa es propensión al descanso, antes sí amor a la fatiga de correr visitando por México. Despréndase de la codicia, como yo, que a su presencia he rehusado (?) visitar enfermos de alguna suposición, y de quienes podía esperar alguna utilidad, y no sentirá tanto la tarea de horas determinadas. Esta es la irregularidad, y este el perjuicio que experimenta en la concurrencia a mi casa. Y si no explique ¿En qué está el perjuicio? ¿En qué la irregularidad? Entregue concluidos sus trabajos y no sólo se dará por terminada la Expedición, sino que se le suplicará no pase por mi calle.
33. Quiere continuar viajando en los términos siguientes.

*34. Pretende que hagamos él, y yo, Expedición independiente, con sueldos iguales, un pintor, y un criado para cada uno, suponiendo que de este modo serán menos las costas, y más ventajosos nuestros trabajos a beneficio de la emulación. Cuando Su Majestad quiera, seré igual, o súbdito de Longinos y también desde ahora si admitiendo éste el certamen tiene la gloria de declararse superior en experiencia; pero ni antes, ni en el día, ni entonces, he necesitado, ni necesitaré de otro estímulo, o emulación, que lo que hasta aquí me han inspirado mi honor, y mi conciencia, y estos mismos debieran haber movido a Longinos para no verse tan atrasado y obligado a concurrir diariamente al trabajo, que debió haber evacuado con preferencia de sus intereses.*

*No hay en la Expedición más agregado que Mociño, ni más Secretario, o por mejor decir, Escribiente que Villar, ambos con orden de VE, y con más utilidad que Longinos, a quien todos incomodan, como si los costeara de su bolsillo. Pero es preciso que así sea (permitiéndoles) cumplir con la obligación que a él le repugna.*

*Ya se ve en qué términos se obliga a continuar sus viajes, y ya tengo dicho cuándo me acomodaré no sólo a ser su igual, sino su súbdito.*

*36. En los artículos antecedente quiere viajar Longinos, con tal que seamos iguales, e independientes. En éste y en el subsiguiente pide que se dé por concluida la Expedición. A vista de esta implicancia ¿Quién no conoce que toda su manía consiste en la igualdad y en la insubordinación? Por esto estaría mejor en Paris. ¿De dónde infiere Longinos que yo siento ver concluida la Expedición? Siento, es verdad, que no se reconozcan algunos sitios de los más amenos de ésta América, no por el vil interés que precipita a Longinos, pues tengo dadas muchas pruebas de mi mayor desinterés y generosidad en cuanto he podido contribuir al mayor lucimiento de la Expedición; y si mi saludo lo hubiera permitido, estaría corriendo otras provincias, sin gratificación alguna, como lo verificarán Mociño y Echevarría a mis expensas si se reprobasen aquellos gastos. ¡Con qué bizarría quiere desprenderse de la mitad de su sueldo en dos o tres meses que puede tardar a resolverse nuestra retirada a España, o salida para las islas y Reino de Guatemala, y esto no por generosidad, sino por eximirse de la tarea diaria y huir de la subordinación!*

37. Concluye por fin su tumultuaria y (desahogada ?) representación, pidiendo que, se de por finalizada la Expedición, e inculcando el celoso artificio de que me he valido para engañar a Ve y hacerle trabajar en mi causa los peligros que teme de esta asistencia, suponiéndome capaz de mejorar alguno de estos, y anunciando funestas consecuencias como efectos necesarios de mis continuos insultos.

Si yo no tuviera mejores deseos que Longinos de ver concluida la Expedición, no me atareara tanto en la perfección de mis trabajos, no procurara que él y todos me imitaran en la coordinación de los suyos. Me distrajera, como él en servir al público, y a los amigos; con quienes no tengo menor reputación: lo dejaría todo al tiempo como él, con riesgo de perder todo lo trabajado, al acaso de una muerte, como sucedió con la de Loefling, y otros sabios viajeros, cuyos trabajos están sepultados en el olvido por no poderse coordinar, sin embargo de que debemos suponer en su gran talento y fama, que estarían más metódicos que los de Longinos. De este modo prolongaría tácitamente lo formal de la Expedición, que debe durar hasta entregar completa la obra, y es hasta cuando se nos debe asistir con sueldos de la Real Hacienda.

Pero no es así con deseos más verídicos y eficaces de dar cuanto antes cuenta de mi persona, de proporcionar al público las ventajas que puedan resultarle de nuestros trabajos y exonerar a la Real Hacienda de los gastos que le erogamos hasta la conclusión de la obra, trate de adelantarla cuanto es posible, y si puede ser presentada a nuestro arrivo a España con toda la perfección de que es capaz mi poco talento. A vista de esto se puede preguntar a Longinos ¿Quién de los dos es el más desinteresado? ¿Quién el más económico para la Real Hacienda? Y ¿Quién de los dos quiere prolongar la cura?

Nadie mejor que VE sabe de qué artificios me he valido para engañarle y conseguir que Longinos concurra a trabajar como todos; ni nadie está mejor enterado de la mucha tolerancia que he tenido con este individuo. VE ha leído nuestras contestaciones privadas y admirado en ellas su osadía, sus cavilaciones y su -------
(falta una línea y media final de 5362 y principio de 5363).
..demasiada prudencia

Si Longinos no estuviera tan confiado de ella no me fuera tan osado; y si la autoridad de Jefe no me hubiera reprimido mis justos *impulsos, pudieran haber sucedido muchas veces las tragedias que vaticina.*

*Digan todos los dependientes cuál fue su salutación el día primero que VE le mandó concurrir a mi casa, y cuál fue mi prudencia al decirme que había engañado a VE, y que iría en partida de registro a España, antes que sujetarse a mis órdenes, cuando estas sólo se han dirigido a que trabaje como yo. Esta naturaleza de insultar, Ecmo señor, ha sido tan frecuente como el recordarle su obligación.*

*El carácter de las personas no puede ocultarse por muchos años, y el que por naturaleza es inquieto, caviloso, díscolo y sedicioso, como el de Longinos, se manifiesta con todos los que le tratan de cerca por algún tiempo ¿ Se ha quejado de mi algún otro individuo de los que continuamente me han acompañado en los 6 años de expedición? ¿Hay algún recurso en esa Secretaría? No hay pueblo en toda la Nueva España que no haya admirado nuestra unión y fraternidad.*

*No bien se incorporó Longinos en la Expedición, cuando empezaron de nuevo los disturbios: con que no es difícil discurrir quién fue el causante de ellos.*

*Gracias a Dios he tenido la satisfacción de ver enternecidos a dependientes y criados cuando ha llegado el caso de mi separación y Longinos la desgracia de que ni uno ni otros pueden perseverar en su compañía. Dígale los recursos de Senseve, que le --- en Californias; díganlo los --- que renunciaron sus empleos, cuando por explorar su corazón, les dije en Colima, que mandaba VE pasase uno de ellos a incorporarse con Longinos; finalmente díganlo cuantos han estado en su compañía, y tenido proporción de conocer su verdadero carácter.*

*Recapitulación*

*De lo expuesto por D José Longinos Martínez resulta: que yo engañé a SM para obtener el empleo de Director; que he sido ocioso en la Expedición; que he sido transgresor y falsario de las Instrucciones; que me he valido de artificios para engañar a VE; y que en la concurrencia a mi casa le he insultado y expuesto a una ruina. Crímenes todos dignos del mayor castigo, que pido se me justifiquen, y entre tanto que se me arreste y embarguen todos mis sueldos y bienes para reintegrar de ellos hasta donde alcance, lo que he percibido de la Real Hacienda durante mi comisión, y además se me castigue, como merece un mal vasallo, si por la residencia que indicaré después, resulta no haber cumplido con lo que el Rey me*

tiene mandado; y declaro bajo la buena fe y religión, que son los siguientes:
>  Cinco mil pesos en el Banco Nacional
>  Ocho mil en este consulado
>  Cinco mil en mi casa
>  Ochocientos pesos, una casa de campo, y el derecho que litigo sobre una embarcación en La Habana
>  Dos casas con sus tierras de que como primogénito soy heredero en mi Patria.
>  Algunos créditos que daré en papeles y alcances en esta tesorería.

Por mi defensa e impugnación de los capítulos de Longinos resulta: Que este desde los principios ha sido y es insubordinado, e insultante, no sólo a mí, sino al Ministerio, y al respeto de VE; que es un calumniador; que ha faltado a la verdad sagrada con que debe proceder un viajero español con el fin de engrandecer el mérito de sus vastas excursiones: que exige gastos que no ha impendido, como hace ver en su cuenta comprobada, luego que don Jaime Senseve me instruya, como le tengo pedido, del tiempo que anduvo en su compañía: Que el Gabinete es legítimamente del Rey, excepto el armazón y los pocos instrumentos que hay en él; que de los 6 años destinados a viajar, ha estado detenido los tres por sus propios intereses, aquí, y en Tepic por lucrar sirviendo al Público, y en Loreto por no costarle nada la subsistencia en aquella Misión y por huir del cumplimiento de la Real Orden que supo había venido para su corrección, e incorporación, debiendo viajar como lo ha hecho la Expedición, sin más detenciones que las cortas invernadas que debió emplear en el arreglo de sus trabajos; que no ha cumplido con la obligación de describir diariamente los objetos que se le han presentado como lo mandan las instrucciones, y como el mismo confiesa que hice yo desde los principios, exponiéndose a perder todo el trabajo por los accidentes de la polilla, riesgos de Mar, y de su propia vida, como ha sucedido con el duplicado de las Aves que remitió el primer año y perecieron en su Gabinete sin describirse; que ha amontonado cajones y erogado gastos superfluos a la Real Hacienda por no hacer las colecciones con el discernimiento que me dan las Instrucciones, y previo al examen de sus especies, para no impender el tiempo y costes en la preparación y conducciones de cosas comunes; que hace mérito con la oferta de su Gabinete

*usurpado y, finalmente que ha sido, es y será incorregible a mis consejos, a las amonestaciones de VE, y a las órdenes del mismo Soberano.*
*Por todo lo cual pido que se le arreste y embargue igualmente que a mí, haciendo declarar a él, a D Francisco Martínez Cabezón, y a su sobrino D. Manuel García Herreros, sobre la existencia y suma de su caudal; que verificadas las calumnias con que ha vulnerado mi estimación se le castigue con el rigor que mandan las Leyes; que se le despoje de su Gabinete; no como dádiva y admisión de su fraudulenta oferta, sino como algo que legítimamente corresponde al soberano; y que justificado el no cumplimiento de su obligación, como lo está su incorregibilidad, se remita a España conforme al espíritu de la Real Orden de 22 de marzo de 1792.*
*Para calificar nuestras colecciones y trabajos, y si son útiles y están arreglados a lo que mandan las Instrucciones, sírvase VE (si es de su superior agrado), que pasen a reconocerlos el Señor don Ciriaco Caravajal, el director de minería don Fausto Elhuyar, el mineralogista don Federico Sonesmich y don Vicente Cervantes, quienes por su estudio, aplicación y conocimiento de los sistemas que cada uno tiene en los diferentes ramos de la Historia Natural , y la analogía de todos, podrán muy bien discernir quién ha colectado con precisión en lo raro, y lo común: quién ha sabido clasificar, denominar, y describir metódicamente todos los objetos; y quién no ha procurado más que llenar cajones a troche y moche para alborotar el Mundo, y aparentar mucho servicio para con los ignorantes, como los que gradúan el mérito de una obra por la pasta o por el volumen y no por la substancia de ella.*
*En dos ocasiones que se ha ofrecido presentar a VE la insolente contestación de este mal subalterno, he suplicado que no se hiciese mérito de mis insultos personales, y sólo se mirase al remedo del servicio; pero ha llegado el caso de no poderme desentender de tanta injusta, y así suplico a VE que se proceda al examen de nuestra conducta, y justificación de mis calumnias con la brevedad que exigen en un hombre de honor el sentimiento e inquietud de verse tan lastimado, gracia y justicia que espero como última prueba de la rectitud de VE. Dios guarde la vida de VE muchos años,*
*2 de julio de 1794*
*Excmo Sr*
*Martín de Sessé*

## 4.22. Martín de Sessé a Juan Francisco Jarabo. México 28 de junio de 1800

(Este documento y los siguientes proceden de: Expediente sobre los efectos de plantas medicinales en los enfermos del Hospital de San Andrés. Folio 23 ff. México, 1800. W.H.M.L. Ms Am. 44).

*Entre los diversos fines a que se dirigió la generosidad de Nuestro Soberano en las costosísimas Expediciones Científicas que de su Real Orden se han practicado en esta América, es el primero y más importante dar a conocer a sus fieles vasallos el gran tesoro de los vegetales con que la Naturaleza distinguió este suelo, y proporcionarles por este medio socorros prontos, fáciles, baratos y seguros para todas sus dolencias, sin la necesidad de mendigar los de otros parajes a costos excesivos tal vez menos eficaces, y carecer muchas veces de ellos como sucede en el día.*

*Por parte de la expedición que su bondad se dignó poner a mi cuidado, creo haber llenado sus piadosas intenciones, habiendo colectado y distinguido con caracteres fijos multitud de Plantas de todas clases recomendadas por los mejores autores de la Medicina en la curación de todas las enfermedades conocidas. Resta pues sólo rectificar sus decantadas virtudes con observaciones exactas y escrupulosas hechas por profesores hábiles y capaces de discernir las enfermedades y los remedios con que se intentan combatir, porque sin ambos conocimientos es imposible desempeñar este delicado objeto, y muy fácil equivocar los resultados para el gobierno de otros facultativos, aun cuando el éxito haya sido feliz en el caso equivocado.*

*Al mismo intento se han destinado, dotado y distinguido por Su Majestad con honores dos profesores en el Hospital Real de Madrid, a quienes debemos ya dos tomos de observaciones sobre las plantas de la Península. Desempeñarán aquí este encargo sin otro interés que el de beneficiar a la humanidad en general, e inmediatamente a sus paisanos el dr. D Luis Montaña y don José Mariano Mociño, individuo de la Expedición, siempre que VS como Director y*

*Administrador General del Hospital de San Andrés se digne proporcionar una pequeña sala de hombres y otra de mujeres con los auxilios necesarios para la asistencia de los enfermos, que entren en ellas, y darán a VS mensualmente copia de todas sus observaciones, para que, estimándolas útiles, y teniéndolo a bien, se sirva publicarlas en obsequio de estos habitantes.*

*Sin este análisis a que no podrán resistir los genios más contumaces y preocupados, serían inútiles los desvelos del Soberano y los sudores de los viajantes, que han sacrificado su comodidad, y expuesto muchas veces su salud, más por la satisfacción de ser útiles a sus semejantes, que por la esperanza de cualquier otra gratificación, o premio.*

*Las noticias encerradas en los libros sin pasar por una experiencia reiterada y pública se leerían con desconfianza; y finalmente los crecidísimos caudales, que han causado al erario nuestras peregrinaciones, quedarían sin otro fruto, que el de la simple curiosidad y lujo para los que intentasen poseer la suntuosa Flora Mexicana que esperamos publicar a nuestro regreso a España. Por falta de un examen igual ha vivido sepultada en el olvido por el espacio de doscientos treinta años la grande obra de nuestro sabio Doctor don Francisco Hernández, y han tenido que renovarse las exploraciones de este Reino.*

*Agraviaría manifiestamente la penetración y celo de VS por el bien de los pobres, si no le concediese el conocimiento de las ventajas, que les va a proporcionar la regla de curarse con los remedios que el Criador y conservador de todos les ha puesto a las manos como los más propios, cómodos y eficaces para las enfermedades territoriales, y si dudase un momento, que por su parte podía ponerse el menor obstáculo a un pensamiento tan piadoso, y tan genial al alma del Fundador de este Hospital, y nunca bien suspirado prelado, a quien no se propuso descubrimiento alguno con apariencia de ventajoso a la humanidad, sin que abriese las puertas para abrigarlo, y ratificarlo con ardientes deseos de ver su utilidad y notoria gratitud hacia el descubridor, aunque fuese un humilde Empírico.*

*Estas consideraciones me hacen esperar que VS aceptará gustoso esta idea y proporcionará las dos enunciadas salas, que se necesitan para realizarla, con los auxilios necesarios por parte del Hospital, a fin de que los dos profesores encargados puedan seguir sus observaciones con el gusto y amor que les inspira su patriotismo. Dios guarde la vida de Vs muchos años. México 28 de junio de 1800. Martín de Sessé. Sr don Juan Francisco Jarabo.*

**Respuestas:**

*Para resolver acerca de la solicitud que comprende el oficio de VM de 21 de este mes, he determinado formar una Junta de los Facultativos de este Hospital de mi cargo, para el día 30, a las cinco de la tarde. Si VM gustare, podrá concurrir a ella, con los dos profesores, que deben examinar las virtudes de las plantas. Dios guarde a VM muchos años. San Andrés de México y junio 27 de 1800. Juan Francisco Jarabo. Sr Director de la Expedición Botánica D Martín de Sessé.*

*Se celebró la Junta con asistencia de todos. En ella dijeron los Profesores de San Andrés que se les había sorprendido. Hicieron mil elogios del proyecto y de su Autor, y pidieron tiempo para meditar sobre él, ofreciendo dar su dictamen en otra Junta, a que no les parecía conveniente que concurriesen Montaña, Mociño, ni yo, para poder explicarse ellos con más libertad. Accedimos a la repulsa sin réplica. Se verificó la Junta, y en ella produjeron las razones siguientes con otras muchas, que por frívolas o malsonantes excusaron poner bajo su firma.*

*Deseo saber los resultados de la segunda junta que se ha celebrado con motivo de las observaciones de Plantas que propuse a Ud. emprender en el Hospital de su cargo, para si en ella se ofreciesen (como suelo) algunas dificultades concernientes a la Facultad Médica, ver si puedo satisfacerlas con razones fundadas y convincentes. Dios guarde la vida de VS muchos años. México 7 de julio de 1800. Martín de Sessé. Sr don Juan Francisco Jarabo.*

*Acompaño las reflexiones que hicieron en la segunda Junta, y he pedido que me expongan por escrito los Facultativos que la*

*compusieron para que, en vista de ellas me instruya Ud como parece desea en su oficio de 7 del corriente, y en vista de todo resolver lo que me parezca justo y útil a la humanidad. Dios gracia, México 14 de Julio de 1801.*
*Juan Francisco Jarabo. Sr. D Martín de Sessé.*

### 4.23. Oficio del dr. Jové

*Cuando V. quiso oír de los Profesores destinados en el hospital de San Andrés el juicio que formaban de la solicitud que se les hizo presente del director de Botánica Sr D Martín Sessé, en mi turno expresé lo primero mi sorpresa para determinar sobre una materia, que aunque su aspecto benéfico no ofrece dificultad, me pareció desde luego haber alguna, tal que ni era fácil proponer ni resolver en lo pronto, por lo que juzgué sería conveniente diferir la consulta para mejor acordarla; lo segundo, que no era regular exponer nuestros dictámenes a presencia de los interesados quienes oirían con desagrado cualquiera proposición menos conforme a sus ideas (aunque llenas de humanidad, celo y desinterés), lo que daría ocasión a una disputa interminable, y de desazón, en que a la prudencia, o la buena crianza, o tal vez la viveza de una respuesta sofocando la fuerza de la réplica sin discutirla, obligaría a ceder, dejando aparentemente allanada toda dificultad. Cuyas consideraciones me movían a pedir el retiro de los interesados para hablar con libertad, y franqueza.*

*Lo justo, y regular de ambas pretensiones, confirmó el dr. D Luis Montaña, que las había previsto, confesando por sí precisa y natural la repulsa, y con todos creyó oportuna la dilación de la Junta para otro día en que con madura detención se examinará el asunto y se tratará dignamente.*

*En efecto juntos el día cinco del corriente los profesores de la casa manifesté con cuanta claridad, y sencillez pude las razones que me ocurrían para desestimar la solicitada rectificación que en dicho Hospital se pretendía de vegetales indígenos recomendados por AA clásicos y recogidos en este Reino por la Expedición Botánica de él, en que no me propuse otro fin que el de instruir el ánimo de V para que deliberara con el conocimiento necesario fundado en el de los*

*Profesores, pero no con el bastardo de preocuparle, ni menos embarazar las utilidades que el pensamiento del Director ofrecía. Así lo dije y reproduje.*

*No obstante eso, Usted o poco convencido de nuestras razones, o (lo que es más cierto) deseoso de rectificar su juicio, teniendo a la vista estampadas las razones que entonces vertí, y con el fin acaso de transladarlas a los interesados que podrán contestarlas, ha pedídome por oficio de diez del corriente que reproduzca cuanto en aquel día expuse.*

*Hacer Señor Doctoral lo que Vd. pide es caer en el escollo que intenté evitar con la presencia de aquellos, y es el de fomentar una disputa, que a pesar de los sentimientos de religión, y honor que íntimamente tienen los contrincantes, el calor de ella provoca, e invita a los ánimos con una imponderable transcendencia. Por lo que a mi toca, tenga VM la bondad de dispensarme el que escritas las razones que en la Junta produje, no porque tema que leídas, o se juzguen despropósitos, o aunque fundadas, las desvanezcan fácilmente, sino por otros capítulos que la atención a Ud debida me obliga a manifestar.*

*Es el primero que mi empleo me sobrepone a todos los profesores de Medicina siendo su Presidente, y en razón de tal no debo sujetar a los subalternos la censura y crítica de mis dictámenes, y si los de ellos a la mía, pues nada es más violento a la buena razón, y economía política, como que el superior se sujetara al inferior. Ni se quiera decir que no se me pide exponga mi juicio, y razones como presidente del Real Proto Medicato, sino como Médico Primero del Hospital porque quién no ve que esta es una precisión lógica altamente disputada en las escuelas, y yo a la verdad no puedo por mí mismo despojarme de la formalidad de presidente cuando se propone una materia del todo privativa del conocimiento de mi Tribunal, cuyo honor y regalías debo sostener.*

*Lo segundo, me embaraza a exponer por escrito mis razones la consideración de que los pasos con que parece se dirige el asunto prepara una controversia, que, movida entre Profesores y Profesores sobre materias plenamente médicas, su resolución no puede darla legalmente otro que el Tribunal del Proto Medicato, en cuyo caso reservo exponer mis razones, o de acuerdo con los Ministros de él, si les parecieren suficientes, o por separado y si la decisión no agradare a alguna de las partes para en uso de sus derechos reclamarla al superior gobierno (a quien sólo deberá sujetarse) para que éste determine lo que fuere de su agrado, o por su razón (como está mandado) se le diere cuenta a S. M. con el expediente, cuyo Real ánimo instruirá el Proto Medicato con todo lo que estime conveniente.*

*Espero que la bondad de V. llevará a bien los motivos que me estrechan a no contestar directamente al fin con que dirige su oficio, y que no harán falta los apuntes de mis razones que es creíble expresen algunas de ellas los otros Profesores que me hicieron el honor de suscribir en la Junta a cuanto en ella expresé.*

*Dios guarde a Ud. muchos años. México Julio 13 de 1800. dr. y Mco. José Ignacio García Jové. Señor director Administrador del Hospital General de San Andrés. Sr Administrador General del Hospital General de San Andrés.*

### 4.24. Oficio de Mariano Aznarez

*En contestación al oficio que Ud. me remitió con fecha de diez del presente Julio sobre la solicitud del director de la Expedición Botánica, don Martín de Sessé, me ciño únicamente a decir que, o son nuevas las virtudes que intenta se exploren en las Plantas Indígenas, o conocidas, y por consiguiente de las usuales? Si lo primero, saltan a la vista los inconvenientes Morales de hacer experimentos en nuestros semejantes; si lo segundo, tengo por ociosas las tentativas que ha propuesto el Director, bastando el que en un breve catálogo se dé noticia de las tales Plantas Medicinales para que con la noticia de él así el proponente como los Profesores que intenta se destinen para las observaciones, y todos los demás Facultativos de México, las usen en su práctica clínica, pues si la Cátedra de Botánica ha creado útiles discípulos, a qué boticario se dirigirá un médico que no sepa surtirle de las Plantas Medicinales que produce esta región después de doce años de lecciones botánicas para la enseñanza de una ciencia a la que sin láminas ni*

M? se puede aprender en un año y por decisión del Proto Botánico Linneo? Que por otra parte sabemos que para semejante estudio no es necesario mucho talento sino memoria y buen método.

Sin que se intente persuadir que sin las exageraciones, ventajas que se nos quieren aparentar, no hubiese gastado el Soberano crecidas sumas en esta y otras Expediciones Científicas. Y otras ya sabemos que han sido sin médico. Por lo que toca a la de este Reino, si se pone la resolución de VM en su verdadero punto de vista, es muy cierto que su voluntad constante fue que se practicase sin ocasionar gasto alguno al erario; antes bien, se exigió la circunstancia del reintegro de cualquier anticipado desembolso, pues así lo expresa la Real Orden que el Excmo. Sr. Marqués de Sonora (entonces Ministro de Indias) comunicó al Arzobispo, que era Virrey, con fecha de 18 de marzo de 1787, en la que categóricamente, y sin dar lugar a tergiversación alguna, dice a la letra: Últimamente es voluntad del Rey que VSM oiga al dr. Sessé, Fiscal de la Real Hacienda, Universidad y Proto Medicato de esa ciudad sobre varios arbitrios que ha propuesto el primero para reintegro de los gastos de dotación del Jardín botánico y Expedición Facultativa, dando VSM cuenta de todo con su dictamen, para que SM resuelva lo que sea de su Soberano agrado. Véase en esta cláusula patentizado el intento del Rey nuestro señor que estaba sin duda bien cerciorado de que las ventajas de la Expedición no eran ni tan grandes, ni tan próximas a verificarse como decanta el Director D. Martín Sessé, y que no verificándose los arbitrios, tal vez se hubieran destinado esas sumas a objetos más urgentes a la corona.

Y si Ud tuviere por conveniente dar parte al Rey sobre lo actuado en este particular, yo no tengo embarazo, que ésta mi respuesta acompañe cualquiera otro documento, pues me parece que en ella en nada se vulneran las regalías de SM de quien blasono ser lacayo humilde y reverente. Dios guarde a VM. México 13 de julio de 1800. Mariano Aznarez

### 4.25. Oficio del Lcdo. Moreno

Al oficio de Ud. del diez del corriente dirigido a que se exponga por escrito cuanto produje en la Junta celebrada en el Hospital

Principal de San Andrés, el día 9 del mismo, contesto diciendo que habiéndome precedido en ella el dr. D José Jové, primer médico del dicho hospital, con un discurso juicioso, sólido, y casi ineluctable, no hice sino subscribirlo, por lo cual nada tendría que decir ahora sino remitirme a él.

Sin embargo, omitiendo todo lo que fue propio del estudio del mencionado dr., me limitaré a lo que hice ánimo de pronunciar en dicha Junta y puede reducirse a lo siguiente.

Los médicos están obligados a curar a sus enfermos lo más breve y seguramente que sea posible: estas circunstancias son mucho más acreedoras aquellos que dejando en la miseria a sus familias, acuden a los hospitales a buscar el alivio en sus dolencias; lo que ciertamente no podría verificarse en los enfermos que se destinasen a las observaciones con objeto de rectificar las virtudes de las Plantas descubiertas en este Reino por la Expedición Botánica. ¿Quién, pues, podrá dudar que las armas que frecuentemente se usan, por así explicarme, se manejan más segura y expeditamente que las que se conocen menos, o no se conocen? Creo que en esta parte se faltaría a la caridad, primer objeto de un hospital.

La segunda reflexión que ocurre es el descrédito en el que necesariamente caería el hospital, retrayendo a los enfermos que debían pasar a él, cuando supieran (que sería al momento) que iban a sufrir experimentos; porque esto es lo que sonaría en el vulgo, que no sabe distinguir lo que es ensayar o lo que es rectificar. Nadie ignora que los Médicos de los hospitales suelen en ellos alguna vez ensayar remedios poco conocidos, cosa reprobada por la (sana) moral, pero igualmente es cierto que los enfermos están muy distantes de saber lo que con ellos se practica. No hablo ahora de los reos a quienes se perdona la vida porque aguanten el ensayo de algún remedio peligroso.
Bien me hago cargo de lo que se ha dicho o puede decirse en oposición de lo que llevo referido y procuraré desvanecer muy brevemente.

1. Se opondrá que las plantas que deben usarse constan de virtudes conocidas y aún proclamadas por célebres autores y si esto es así ¿Qué valor les aumentaría las nuevas observaciones al que ya tenían por testimonio de autores tan célebres? Y si no son tan conocidas que necesitan de nuestros ensayos, se cae precisamente en el reprobado inconveniente que fue el asiento de mi primera reflexión.
2. Se objetará igualmente que SM ha agregado al Real Jardín Botánico de Madrid dos profesores para que hagan observaciones de las plantas; pero se deduce muy bien de sus mismas obras que las observaciones no las han hecho en algún Hospital, siendo fácil a SM mandarlo, si lo hubiera hallado conveniente.
3. Se podrá añadir que en las actuales circunstancias de una g---- a que ha hecho escasean notablemente los remedios de primera necesidad, podría la Expedición Botánica indicarnos otros equivalentes indígenos, frescos y baratos.

    A cualquiera debe naturalmente que, si de hecho los posee, mucho tiempo ha debía haberlos publicado, sin necesidad de rectificarlos, si es que el verbo <u>rectificar</u> significa <u>perfeccionar</u> una cosa.

4. Últimamente se dice que lo que solicita la Expedición Botánica es conforme a la mente del Soberano que no hubiera gastado inmensas sumas en esta y otras Expediciones de su clave sin este objeto.

    *A esta objeción se puede contestar de varias maneras: 1. La averiguación de las virtudes de las plantas relativas a la Medicina, Comercio o a las Artes, no es el objeto primario de las Expediciones Botánicas. Si esto no fuera cierto, se hubieran elegido siempre Profesores capaces de desempeñar este designio con conocimiento; más yo veo que, en la Expedición del Perú, compuesta a la verdad de buenos botánicos, no había un médico; lo mismo aconteció a la de Filipinas, a la que acompañó al Señor Malaspina en su viaje alrededor del Mundo y otras.*

*El señor Cavanilles no es médico y su reputación en la Botánica no obstante, ha hecho honor a la Nación en los Paises Extranjeros. La Flora Aragonesa la compuso un abogado de profesión hallándose de embajador en Amsterdam.*

*Nadie puede decir con justicia que el soberano ha malgastado sumas inmensas con la Expedición del Perú porque le falta la circunstancia que aquí se solicita. La distinguida estimación que logra la parte de la Flora Peruana que ha visto el público; la favorable y particular acogida que le dan los países más sabios de la Europa, muestran bien claramente el útil destino que se dio a los caudales empleados en su formación.*

*El médico, pues, el Comerciante instruido, el ·hábil agricultor, el tintorero industrioso, etcétera, meditando determinadamente la Flora Peruana, o la Mexicana (cuyo mérito tengo fundamento para esperar que sea muy superior a la primera) podrán respectivamente sacar las ventajas que han movido a la generosidad del Soberano a costearlas y protegerlas.*

*La correspondencia que he mantenido con los Profesores de la Expedición desde su llegada a esta capital, los buenos oficios que alguna vez he empleado a su favor aunque no hayan tenido el éxito que apetecía, muestra de un modo no equívoco que cuanto he expuesto, ni es efecto de parcialidad, ni de otra pasión: Lo es de una escrupulosa sinceridad. Dios guarde a Vd. Muchos años. México y julio 12 de 1800. Licenciado Manuel Moreno. Sr. Dn. Juan Francisco Jarabo.*

## 4.26. Oficio del cirujano Ferrer

*En cumplimiento del oficio de Ud. De 10 del corriente en que me pide de por escrito las razones que expuse en la Junta celebrada el día cinco del que rige, digo:*

*Por la Conciencia, los Moralistas; por el derecho, las Leyes, y por lo Médico los autores más timoratos y reflexivos, todos aconsejan que para curar cualesquiera enfermedades y asistir a los pacientes de sus dolencias, debe el Profesor escoger las medicinas más eficaces, seguras y conocidas; bajo estos principios y sana doctrina me parecieron oportunas las reflexiones siguientes:*

*Los que vienen al auxilio de este Hospital, son los más desvalidos, y pobres, estos si son casados quedan sus mujeres e hijos sin que les dé el preciso y necesario sustento, que de justicia me parece deben atenderse con medicinas conocidas, prontas, y seguras, y no andarlos deteniendo en observaciones, por las regulares (?) y malas consecuencias que puede haber en el cuerpo, y quizás en el Alma.*

*Se me puede objetar a esto que como no se ha tenido esto presente en estas observaciones que en el mismo Hospital se han hecho, a lo que respondo ser cierto, que, en mi tiempo por superior mandato se observó la zanza (zarza) sin dictamen de Facultativos, pero fue determinado remedio para enfermedad prefijada, lo que el director de Botánica no hace, pues no señala remedio, Medicina, ni planta fija, y menos propone Enfermedad, y con todo, sobre la zarza se representó, y por fín se abolió.*

*Después siguió el Ácido Nítrico, que fue admitido por el razonamiento tan sabio que hace el autor en su obra, bien demostrado por sus ejemplares, y por las noticias que del él había en los parajes en que lo estaban administrando. Otra reflexión me ocurrió, y es que el referido director en su proposición, no dice, ni declara, si es medicina simple, o compuesta; si es medicina simple se le podrán dar las virtudes que se le encuentren; pero si es compuesta, o combinada, quedará después duda de a qué se le deba dar la energía.*

*Igualmente, si nueva y no experimentada, o es ya conocida por Peritos y acreditados en el arte de curar. Si nueva, porque la recta y piadosa intención del nominado director no lo ha insinuado en tanto tiempo, y por consiguiente algunos facultativos ingeniosos la hubieran tanteado y dado sus conocimientos a beneficio de la humanidad; si ya es conocida, no es entonces observar, sino rectificar lo que otros relevantes ingenios nos han enseñado, y haciéndole en esta parte todo el favor que se merece la gran literatura del Director, quedo persuadido que no será este su sentir.*

*Se puede decir que muchos célebres médicos y Botánicos han hecho sus observaciones en los hospitales; confieso que es cierto, pero estos eran propios de la casa, las hacían en tales, cuales casos hasta que se afirmaban en las virtudes, y a proporción que se aumentaban sus conocimientos, ampliaban las observaciones; pero no era en clave de gentes tan miserables como la nuestra, por lo que en este punto me atengo a mi segundo y tercer punto de este papel.*

*Juzgo dos clases de enfermos en quienes se puede observar: Unos cogidos de montón en cierto número sin distinguir grados, ni más o menos complicidad, y el otro sólo de casos deplorables; el primero no lo admito por lo ya dicho, el segundo desde luego confieso que en un enfermo en que se han empleado las más exquisitas y enérgicas medicinas y en el tiempo más oportuno, la enfermedad, lejos de extinguirse se mantiene y va en aumento, desde luego, sin riesgo de conciencia se puede y debe hacer, ¿pero quién podrá ejecutarlo mejor sino aquel que está a la cabeza de una vasta enfermería, que sigue sus progresos y que ve los escollos?*

*Mucho habría que meditar y raciocinar en el asunto, pero como mi ánimo no es difundirme, sino sólo apuntar las cortas reflexiones que en el asunto se me ofrecieron, las que dejo a la censura y el discernimiento del que las haya de calificar, protestando que las refiero enteramente desnudo de pasión, y si con pureza y amor en beneficio de los pobres, que desde luego si fuese del agrado de V. no tendré inconveniente las pase a manos de S. M. como me lo insinúa en la conclusión de su oficio. Dios guarde a V. muchos años. México y julio 13 de 1800. Vicente Ferrer. Señor don Juan Francisco Jarabo.*

## 4.27. Oficio del dr. Arellano

*En contestación al oficio de Ud. de fecha de 10 del que rige, sobre que exponga las mismas razones que produje en las Juntas de 30 de junio y 5 del presente mes, acerca de la solicitud del Director de Botánica, don Martín de Sessé, a fin de plantar un plan de observaciones en el Hospital General con los vegetales que ha colectado en su Expedición, digo:*

*Que en la primera Junta (y presente dicho Director, y los dos Profesores Médicos diputados para la observación), vertí estas mismas expresiones: que respecto a que aquellas habían de ser puramente Médicas, nada tenía yo que hacer en ellas por ser Cirujano, y que así prescindía sin embargo que no hallaba inconveniente para ellas, añadiendo que todo el asunto tocaba a los Médicos.*

*En la Junta segunda celebrada el 5 de este mes, reproduje lo expuesto, pues habiendo hablado todos, dije: que ya en la anterior Junta había hablado que a mí no me correspondía dictaminar en la materia por no ser de mi profesión; que los Médicos habían explicádose bastante, y no tenía que añadir.*

*Estas son, y fueron mis genuinas expresiones, las cuales reproduzco ahora.*

*Dios guarde a V. muchos años. México y julio, 11 de 1800. Francisco Pilar Arellano*

## 4.28. Réplica de Sessé a todos los oficios anteriores, dirigida al director y administrador del hospital el 4 de Agosto de 1800 (se extiende a lo largo de 57 puntos)

*Señor Director y Administrador General del Hospital de San Andrés*

1. *Después de la protesta solemne y uniforme que (somos) todos en elogio del pensamiento, que deseaba yo ver realizado en este Hospital para beneficio de todo el género humano, y particularmente del Público de esta capital, y del Reino, después de que al Doctor y Médico José Ignacio García Jové, le ha parecido benéfico el aspecto de mi solicitud, y mis ideas, llenas de humanidad, celo y desinterés, es preciso que me sorprenda al verlas repetidas en las respuestas de que VS se ha servido darme vista cumpliendo con su justificado modo de pensar, y con su amor a los intereses de la causa pública. Mi sorpresa, Señor director, llega al grado de hacerme dudar muchísimo el que estén de acuerdo y conformidad los fundamentos de semejante repulsa con los sentimientos interiores, y con los clamores inevitables de la conciencia de los que la subscriben.*
2. *Si mi pretensión es útil, si es benéfica a la humanidad, si no llevo en ella otro interés que el cumplir cuanto antes con uno, y por descontado, el primero de los fines con que se ha promovido el Estudio de la Botánica, y despachádose por casi todo el Orbe Expediciones Facultativas a mucho costo ¿Qué principio de equidad, de prudencia o de raciocinio lógico puede dictar la inesperada consecuencia de que, o se inutilicen estos trabajos, o que por lo menos se difiera su fruto a nuestras tardas generaciones?*
3. *Yo confieso que jamás se me hizo creíble encontrar resistencia de parte alguna, y mucho menos de la de unos profesores que, a más de estar encargados del Hospital más frecuentado de enfermos, asisten por lo común a un crecidísimo número de ellos en las casas particulares; pues con este hecho pueden defraudarse a unos y otros de unos socorros prontos, baratos y*

*enérgicos que, por falta de los conocimientos botánicos, y de la observación, han dejado de aprovecharse, siendo muy probable que se encuentren muchos de esta clase en el grande acopio que hemos hecho viajando por los feroces territorios de Nueva España.*

4. *Me creo obligado por lo mismo a ser un poco difuso en la contestación de los oficios que V.S. se ha servido remitirme, porque cuando no consiga convencer por este medio a aquellos, no debo dudar que, dando más luces, tengan a bien reformar su juicio; quiero a lo menos dejar un testimonio muy claro de los fundamentos del mío. Al efecto me será preciso absolver las dificultades de los que disienten de la ejecución de mi propuesta, y vigorizar, con más extensión, las razones que me movieron a hacerla.*

5. *Para verificarlo pues, con este orden, debo primeramente presentar como en compendio lo que expone el primer médico de ese Hospital, para excusarse de dar una contestación directa por escrito en que reprodujese lo que había dicho de palabra. Después, que le pareció importante, que un asunto de tanta gravedad se examinase con mayor madurez en otra Junta, y que se nos excluyese de ella, para que pudiera cualquiera de los consultados expresarse con la franqueza que no le permitiría la presencia de los interesados. Pasa inmediatamente a desenvolver en verdadero motivo que encubrirían estos pretextos, y se reduce a los temores que le asaltaron, de ocasionarse <u>una disputa interminable, y de desazón</u>, y que el calor nos precipitase a <u>irritar los ánimos con increíble transcendencia</u>, en cuyos casos el <u>silencio de los profesores del Hospital</u> (hijo únicamente de su moderación) se reputaría por <u>allanamiento verdadero, no siéndolo más que en la apariencia</u>. Esta es la odiosa pintura con que se retrata mi solicitud, y nuestro lenguaje.*

6. *Pero no se necesita reflexionar mucho para conocer lo infundado de semejantes temores. Tratándose en la Junta de que expusiesen sus dictámenes los profesores con la ingenuidad y franqueza, que demandaba la materia misma, y con el decoro que exige el respeto mutuo de las personas, y correspondía al de aquel teatro, ¿Quién podía temer que se diese nadie por ofendido de oír hablar con candor, con verdad, y con justicia a unos literatos dignos de nuestra consideración por innumerables títulos? Aun cuando no*

se explicasen estos conforme a nuestras máximas, como frecuentemente sucede cuando opinan los hombres de distinta manera, no era de recelar que la discordia de los entendimientos entre personas de juicio y de educación, se propagase a las voluntades, que la Religión y el Orden Social nos mandan tener unidas siempre.

7. Mas demos el caso que hubiese sospechas fundadas, de que faltaríamos a la razón, a la urbanidad, y a la decencia, y que hubiese motivos para presumir, que <u>cualquiera proposición menos conforme a nuestras ideas</u> fuese suficiente para producir de nuestra parte efectos tan perniciosos, ¿Cree V.S que no había más arbitrio, para hacer guardar los inviolables arbitrios de la justicia, y el buen orden, que el excluirnos de la conferencia? Hasta los más legos sabemos que no se excluyen de semejantes juntas ni los partidarios más ardientes, aun cuando promuevan intereses únicamente personales; sino que se depuran (reputan) sujetos de carácter, y autoridad, que obliguen a observar puntualmente el decoro y la harmonía. El mismo hecho de darnos por excluidos sin réplica ni viva ni altanera, acredita a cualquier hombre sensato del modo menos equívoco, que mi pretensión nada encerraba de ardiente, de furiosa, ni de atropelladora como se imagina el dr. y Médico García Jové, sea por suspicacia, o sea por timidez.

8. <u>Que el Sr. Montaña precisase ser justa, regular, precisa, y natural la repulsa, es una equivocación</u> que V.S. conoce desde luego tan manifiestamente como la podemos conocer cuantos nos hallamos presentes en aquella Junta, y oímos sus palabras, que posteriormente ha repetido en mi cara varias ocasiones. Es cierto que este Profesor previó la contradicción; más no la repulsa: lo es asimismo que me propuso no concurrir; más fue porque le causaba sonrojo presentarse como escogido por mí con preferencia para ejecución de mi proyecto: porque temía que pareciese esto una ostentación de su idoneidad; o a lo menos del ventajoso concepto que me merece; a que agregaba el no querer, que se juzgase había aspirado a ser propuesto, cuando en efecto ni tenía noticia, ni antecedente alguno de mi solicitud.

9. Si V. S. le preguntase oiría indefectiblemente lo que con relación a nuestra exclusión ha pensado, y es lo mismo, que hemos pensado todos, y que pensará cualquier racional; conviene a

saber, que la misma razón de interesados es el título más legítimo y más llano para exigir audiencia, y resistir a toda denegación de ella. Porque si la justicia y la equidad la negasen a los interesados, por el mismo hecho de serlo ¿Qué quedaría reservado para la barbarie, y para el despotismo?, ¿En dónde se desechan las solicitudes, rehusando no sólo que hablen, sino también que oigan hablar los interesados en ellas, cuando son vocales, y vocales inteligentes? ¿Qué voto tenían los Profesores del Hospital, que no fuera meramente consultivo, igual por lo mismo al de Montaña, al de Moziño, y al mío, que por convite de V. S. concurrimos, para explicar más mis ideas, y desatar las dificultades, que pudieran ofrecerse a los médicos y cirujanos de la casa, que emplazó V. S para la misma consulta? Ninguno de ellos, como ninguno de nosotros, ni todos juntos podemos arrogarnos el voto definitivo que compete exclusivamente al que tiene la autoridad económica y gubernativa que reside en el M.Y.V. Señor Deán y Cabildo Sede Vacante. Ha faltado pues a la atención y justicia que se nos debe el dr. y Maestro Jové, negándose a extender un voto que estaba obligado a dar de palabra en presencia nuestra, y por escrito a V.S. que la pidió como suya (?).

10. Sus escrituras para eximirse de la contestación por escrito no tienen mejor apoyo que nuestra exclusión; porque decir que <u>siendo nuestro presidente, no debe sujetar sus dictámenes a nuestra censura, por ser nosotros sus subalternos, y no haber cosa más violenta a la buena razón y economía política que el sujetarse el superior a los inferiores</u>, ya ve V. S. cuán poco conforme es con la idea que todo el Público tiene, y que inspiran las mismas Leyes acerca de la Autoridad del Presidente del Proto Medicato, a quien jamás se ha tenido el insensato capricho de atribuirle la omnisciencia, y mucho menos la Divina prerrogativa de la infalibilidad. Ni el mismo dr. Jové carece de la racional modestia que a pesar de sus vastos conocimientos manifiesta casi diariamente en las Juntas de Profesores a que asiste, y en que sujeta su voto aún al de los cirujanos puramente Romancistas; como que tales consultas no se deciden por Autoridad judicial, sino únicamente por la pericia en el arte de curar.

11. Nada de esto degrada al Señor Presidente, antes bien, contribuye a su verdadero elogio, y se apoya en el ejemplo de todas las personas de elevadísimo carácter que están destinadas a ocupar el primer rango en la República. El Señor Regente de la Real Audiencia no tiene en calidad de Jefe, voto superior al de cualquiera de sus colegas; y en una Junta de Abogados a que asista S.S. como uno de ellos, jamás querrá que el empleo que le sobrepone a todos los otros, sobreponga igualmente sus dictámenes. No creo que haya capitular en esta Santa Iglesia que tenga subordinado su voto al de su Presidente, el Señór Deán; ni dr. en la Universidad a quien no le sea lícito contrarrestar al de su autorizadísima cabeza, el Sr Rector. Esto mismo se observa en los consejos de Guerra, en los de Estado, y generalmente en todas aquellas asambleas en que se examinan asuntos sobre los cuales deben votar muchos individuos, aunque no sean de graduación igual, y aunque tengan muchos de ellos la calidad de subalternos.
12. Esta palabra en el uso común tiene una significación más restringida que la de súbditos, porque entendemos de ordinario por subalternos a los oficiales que tienen dependencia y sujeción inmediata a un Jefe o a un Tribunal. No se como llevarán Montaña y Mociño que el dr. y Maestro Jové los llame subalternos; por lo que a mí toca, estoy tan obligado a sostener que no lo soy, como el Presidente a defender las prerrogativas de su empleo. El Proto Medicato es un Tribunal Colegial en que no tiene más fuerza el voto del que lo preside que el de cualquiera de sus colegas, y en que es inferior a la pluralidad de los contrarios. A mí no puede negársme que tengo en ese Tribunal voz activa y pasiva con que el Rey tuvo la bondad de honrarme para todos sus asuntos y de que estoy en posesión para reclamar no se me trate como a subalterno, pues estos nombres sólo cuadran bien al escribano, y al ministro ejecutor.
13. Las Facultades de este Tribunal por Cédula novísima de 27 de Octubre de 1798, y por las Leyes del Reino, están restringidas únicamente a examinar la idoneidad de los sujetos en su ciencia y en su prudencia, a informar de los abusos que hagan los Profesores, ya examinados, o acerca de los intrusos en cualquiera de los ramos de la Facultad, pero una vez examinados los médicos, no quedan en la obligación de aceptar ciegamente

las teorías ni las fórmulas de sus examinadores. Montaña y Mociño son Médicos de aprobación igual en esta carrera a su Presidente, y de un voto capaz de entrar en balanza con el suyo en los casos ambiguos. Queda demostrado pues que sin menoscabo de las prerrogativas de su empleo, ha sujetado el Sr. dr. y Maestro García Jové sus sabios juicios médicos a los de otros facultativos en las consultas que se han ofrecido en casos particulares; y lo queda igualmente que carece de autoridad para decidir solo como presidente en estas o semejantes materias.

14. Más para concluir lo que debo exponer en contestación a su oficio del 13 del pasado: no veo cómo puede llegar a hacerse judicial el asunto de mi propuesta para que esta presunción exima a dicho Presidente de extender por escrito el voto que confiesa él mismo haber dado de palabra, y expresa que los otros consultados reproduzcan en sus contestaciones en todo o en parte, las razones en que fundó su opinión. Pero aún en caso que llegara a ser judicial: este hecho solo confesado ya, lo excluye directamente de las prerrogativas de Juez; pues en ningún negocio, ni por derecho alguno puede serlo el que pronuncia una sentencia que, aunque no ha repetido con la pluma, declara haber dado de palabra. Esta es doctrina sentadísima y por semejantes principios hay fundamentos derivados del Derecho Natural para recusar a un Juez que ha fallado no solo sin oír a quienes podían y debían contestar, sino que apoyó su exclusión para hablar solos él y los que pensaban a su modo. Y aunque en la consulta no puede aspirar el dr. Jové a haber tenido el carácter de Juez, no podrá desnudarse de la calidad de Parte contraria que por igualdad a mayoría y aún por mayoría de razón, debe desautorizarlo para juzgar decisivamente en su Tribunal.

15. Con Mariano Aznárez ciña la cuestión a este dilema: o las virtudes de las plantas que se intentan explorar son nuevas o son conocidas, y por consiguiente usuales. Si lo primero cree que hay inconvenientes morales para las observaciones, y si lo segundo, estima superfluo cualquier nuevo examen. Este argumento que a primera vista podría alucinar (tachado) a cualquiera ignorante, y en los siglos, en que la Botánica fue una Ciencia Empírica, y en que la Autoridad de los Escritores se veneraba religiosamente, se

tendría por irresistible, en el día es tan débil y ridículo como voy a demostrar.

16. Todo el que esté instruido en la Historia de la Medicina por sus diversas épocas, confesará desde luego, las proposiciones siguientes: 1ª Que los cimientos de la Materia Médica primitiva se debieron únicamente al empirismo. 2ª Que en todas partes ha habido enfermos, y que se han socorrido estos con los medicamentos de su propio País. Los indios en América han hecho antes que se sospechase su existencia en Europa, el mismo uso de su Nanahuapatli, su Fotorcaxoxoyocolin, y su Flapatli, que los griegos de su saúco, de su opio y su heléboro; 3ª Que los Médicos de la Edad Media instruidos o por los libros, o por los viajes de los remedios de las distintas provincias, hacinaron numerosísimos catálogos de drogas, sin fijar sus caracteres, ni examinar con la balanza de una crítica juiciosa las virtudes medicinales de cada simple, o bien fuese aislado, o bien en combinación. 4ª Que hechos alquimistas los Médicos y aspirando a ser autores de recetas compuestas, y secretos prodigiosos, amontonaron innumerables fórmulas complicadas, para cuyo despacho obligaron a los Boticarios a tener costosísimos repuestos de materias de todas clases. Se mezclaban, y aún se mezclan hoy en día muchas de esas sustancias; y así se administran a los enfermos para una práctica ciega, como que nadie puede atinar con el verdadero conocimiento del resultado legítimo, que corresponde a una combinación de tantas materias heterogéneas.

17. Estos son hechos en que no hay controversia, chica ni grande, y no sólo un Profesor sabio, sino cualquiera hombre sensato confesaría desde luego que manteniéndose la Medicina como estacionaria en cualquiera de los puntos que fijan sus épocas, es manca y defectuosa, o redundante de superfluidades autorizadas por una especie de superstición, o por crasísima ignorancia sobre una de sus partes más principales, o por el conjunto de lo uno y lo otro.

18. La feliz revolución, que de más de un siglo a esta parte, han tenido las Ciencias y las Artes, ha influido directamente en la Medicina, que ha estribado siempre en la buena o mala física de los Profesores, y variado de patologías, como han variado ellos de Hipótesis y de Sistemas. A la Patología son consiguientes en

todas las sectas, las demás partes del Arte de curar, y con especialidad la terapéutica. De aquí es, que haya esta sufrido las mismas vicisitudes que aquella, y que por un extravío de los comunísimos al entendimiento humano, al cabo de haber discurrido por las oblicuas y largas sendas de los errores, sea preciso traerla por último al simplicísimo y rectísimo camino de la Naturaleza.

19. El genio de la exactitud, que preside por fortuna a las Ciencias Naturales en nuestros tiempos, se hace imposible que dejase en el abandono a la primera de todas, que es la que nos enseña a conservar y restablecer la salud. Ningún Médico, sea de la secta que fuere, como no deponga los sentimientos, que inspiran el candor y la ingenuidad, deberá de confesar desde luego la insuficiencia de todos los sistemas que no se funden en una observación racional, ni tengan más apoyo que el crédito ciego que damos a los que nos precedieron en la edad, o la lozanía de un ingenio fecundo en opiniones bizarras. La observación atenta es la base de la Medicina, que hablando con franqueza, no es todavía una ciencia que pueda enseñarse por un método sintético, y que para llegar a la perfección de que es susceptible, necesita muchos años del analítico.

20. No me detendré aquí en manifestar las reformas que necesitan los sistemas médicos mejor fundados, porque no hay médico que ignore que se dan por sentadas en cualquiera de ellos muchas proposiciones bastante esenciales sin añadírseles una prueba que merezca el nombre de concluyente. Mi objeto es hablar sólo de la Materia Médica, contrayéndome a la cual, pregunto: ¿No demanda la exactitud a la que está obligado en conciencia todo Facultativo, el que se pongan en tortura por principios científicos, y no por una práctica de aprendizaje los remedios con que han de socorrerse los hombres sean pobres o ricos, sean nobles o plebeyos? Este ha sido uno de mis objetos, que aunque tenga el dolor de ver frustrado, me dejará la gloriosa satisfacción de haberlo por lo menos emprendido.

21. Los médicos y cirujanos del Hospital intentan combatir mi solicitud con reflexiones morales, capaces solamente de mover el espíritu débil de una Beata. Aunque no soy yo moralista de profesión, mi ética natural y la de cualquier hombre sensato me obligará a reprobar el que un Médico ignorante de la Botánica y

de la Química, se arrojase temerariamente a hacer en sus semejantes, ensayos de sustancias desconocidas. En este sentido me persuado que desaprueben los moralistas el que se hagan experimentos en los hombres. Más si a estos se les hace ver, que la Botánica del día no sólo enseña a conocer a las Plantas por su faz y caracteres, sino a deducir de estos mismos y de otros principios sus propiedades; y si finalmente se les demuestra que la Química sabe poner de manifiesto cuáles sean los de cualquiera substancia, me parece que no habrá quien proscriba ni ponga bajo escrúpulo moral unas observaciones fundadas sobre estos conocimientos.

22. Don Mariano Aznárez confunde las voces de observaciones con las de tentativas y experimentos. La observación supone más conocimientos, que el experimento o tentativa, que reprueban los moralistas. La primera en las Plantas es propia de los Médicos Botánicos, y la tentativa o experimento, siempre peligroso, lo es de los que no conocen por principios las sustancias que van a examinar. Con que habiendo yo propuesto observaciones que deben hacer unos Profesores Botánicos juiciosos, sabios y así circunspectos, estarían libres de escrúpulo moral, y de todo remordimiento aunque hiciesen ensayos en Plantas no usadas, y desconocidas de los médicos prácticos.

23. El Moral es de todos los tiempos, y por lo que respecta a la Humanidad, el mismo entre todas las naciones cultas: sin embargo tenemos observaciones recientes y utilísimas, hechas con la cicuta, con el estramonio, y con otras substancias venenosas. El gran veneno de la Medicina es la ignorancia. En la mano de un Médico circunspecto, e instruido en todos los ramos de la Facultad, apenas habrá veneno de que no se puedan sacar muchísimas utilidades, como demostrativamente lo prueban el Opio, el Antimonio, y el sublimado corrosivo. Y si bajo las reglas de la prudencia y sabiduría no se pudiesen hacer ensayos en la Medicina, ¿Cuáles serían nuestros adelantamientos? Con semejante opinión careceríamos de los remedios más heroicos, que hoy poseemos, pues la mayor parte son resultados de ensayos científicos, y muchas enfermedades serían incurables, como lo eran antes de estos descubrimientos.

24. Más para no fiar la confutación de este artículo a sólo el raciocinio, que tiene hecho, tengo por oportuno poner aquí a la

letra las palabras del Cisterciense Rodríguez, a quien su gradación y su estado, dan un voto respetable en los asuntos morales relativos a la Medicina. "Pero aún tenemos más, así dice. Es claro como el sol que si fuese practicable la sentencia teológica, ni se habría hallado ningún medicamento ni se hubiera curado en fuerza de la medicina hasta hoy ningún enfermo. Cuantos auxilios tiene hoy el arte se experimentaron, y fueron un nuevo experimento, la primera vez que se aplicaron: pues en realidad ésta es la tal cual Medicina que hoy tenemos. Debían de pensar aquellos Teólogos que la sangría, los purgantes, los diuréticos, la quina vomitiva, etcétera, se supieron por revelación, o en fuerza de algunos argumentos lógicos demostrativos, antes de verles el efecto en la naturaleza: pues si esto pensaron, como sin duda lo parece, se engañaron. No se encontró la Medicina después de la razón, dice Celso, Libro I p 18, sino que se busca la razón después de hallada la Medicina. Todos los auxilios los descubrió la experiencia, el caso y el mismo, acaso, y la experiencia nos enseña todos los días que nos engañamos en sueño, con lo cual sale evidentemente cierta la sentencia de Sydenham, que cada administración de medicamento es un nuevo experimento para aquel caso. Rodríguez. Nuevos Aspectos. Parados a 21 S 4º.

Núm 13. En el mismo autor pueden verse otros parajes que prueban el ningún escrúpulo que dice tener el médico prudente, que en virtud de principios científicos, y con la debida circunspección, se aventura a ensayar una medicina que no estaba en uso.

25. Aunque por las razones expuestas los Profesores don Luis Montaña y don José Mariano Moziño están autorizados para ensayar cualquier planta nueva, mi propuesta se contrajo a sólo ratificar las virtudes de las conocidas, y decantadas por Autores de mucha opinión. Esto se considera superfluo, sin duda porque se ignora la gran diferencia que hay entre plantas conocidas, o usadas, y plantas bien observadas, o rectificadas por exámenes repetidos. Supone también este argumento ignorancia de lo mucho que puede influir la variedad de clima, y de terreno en las propiedades y la eficacia de las plantas. Supone por último, que debemos estar a cuanto nos han dicho los Autores sobre las virtudes de todos los remedios, y específicos que se hallan decantados en sus obras.

26. *Esta credulidad, esta omisión en que han ocurrido hasta los más esclarecidos médicos por falta de observación, ha sido causa de que la Medicina práctica haya hecho tan pocos progresos aun en mano de los más sublimes ingenios que, por otra parte, la han ilustrado con las mejores teorías.*
27. *El General que sale a campaña no se contentará con saber a la perfección la táctica militar solamente: procurará conocer el carácter de sus tropas, y examinará con el mayor escrúpulo sus armamentos, artillería y municiones, porque el menor descuido en esta parte podría malograr la acción más importante. Así mismo, el Médico, para ser feliz en su práctica, debe conocer los remedios por la observación de sus efectos, y no librar siempre su opinión, y la salud de sus enfermos a la ciega confianza del Boticario, del Herbolario que surte a éste, ni del Autor que por tradición, o por interés particular, decanta la virtud de sus secretos.*
28. *Para cerciorarse del gran descuido que ha habido en esta importantísima parte de la Medicina desde Hipócrates hasta el presente siglo, bastará con ver las Materias Médicas de Deshaies, de Rochefort, de Carminatti, de Culler, etcétera., y las farmacopeas de Londres, de Edinburgo, la Española, las de Baume y de Vitet. En ellas se hallarán proscritos por inútiles y perniciosos millares de remedios y de Arcanos que sus autores habían divulgado con los mayores encomios, y que por una ciega credulidad se habían ganado la mayor confianza de los farmacéuticos.*
29. *Al cabo de algunos siglos hemos visto, y aún vimos todavía en las fórmulas de algunos Médicos bien reputados en esta ciudad las Perlas, los Jacintos, las Esmeraldas, el Cráneo Humano, las secundinas o pares de las pobres mujeres y otras mil inmundicias, que harían mejor papel las primeras engarzadas en sortijas y collares, y las segundas en los muladares y en los cementerios, que en los estómagos de los infelices enfermos; aquellas por insolubles, y tal vez corrosivas, y estas por asquerosas e inútiles, cuando no perjudiciales. ¿Y qué diremos de los huesos y sangre de burro, que ha pocos días hemos visto recetados por médicos sabios? Preguntando yo cuál podría ser su indicación, me respondió otro profesor chusco que, cuando el*

enfermo no lograre el beneficio de su curación, a lo menos podría rebuznar como los alcaldes del cuento de Sancho Panza.
30. Gracias a Dios que de las farmacopeas se han excluido tales suciedades, y supersticiones, quedando campo todavía para simplificarlas más a proporción que las Materias Médicas vayan caracterizando los remedios dignos de una confianza fundada en la energía de sus principios constitutivos, y ratificada por escrupulosas observaciones.
31. Las que de Orden de S.M., y a sus expensas, se hacen en Madrid por el Médico y el Cirujano agregados al Jardín Botánico, son todas sobre Plantas conocidas, como puede verse en sus obras. ¿Diremos por esto que son excusadas e inútiles?, ¿Por qué se haya hecho alguna Expedición Botánica sin Médico, tal vez porque no lo habría Botánico que admitiese esta comisión?, ¿Diremos que faltaba en ella, o que estaría de más el fin de examinar las virtudes de las Plantas?, ¿Quién deberá de conocer que una obra botánica, sin este requisito, se mira como incompleta, cuando por un instinto natural no hay hombre, ni instruido ni rústico, que al ver cualquier planta en manos de un profesor, no le pregunte lo primero para qué sirve, qué virtudes tiene, y lo último cómo se llama? Las pocas obras que se han publicado con sólo descripciones y estampas han dado lugar a que muchos crean que la Botánica de solos nombres, de pura curiosidad, y de mero lujo.
32. Ni la mente del soberano ni la Expedición a mi cargo se han sujetado a límites tan estériles, y tan estrechos. Hemos descrito y delineado todos los objetos que hemos podido, y estimado dignos; y como esto sólo no ofrecía utilidad, hemos procurado inquirir de los Autores, ya por los principios de las ciencias, ya por las relaciones de los habitantes, los usos medicinales, y económicos de cada uno.
33. Sobre estos principios y no sobre la credulidad, y la exageración infundada, pretendo formar el Catálogo de las Plantas y demás remedios indígenas, y la Materia Médica Mexicana, que debe ser el fruto principal de nuestras exploraciones, como fue el primer objeto que se propuso el Soberano en todas las Expediciones de su real Orden y a expensas de su erario se han practicado y se practican en todos sus dominios. Así lo expresan las Reales Órdenes fundamentales de este proyecto; así lo repiten y re-

*encargan nuestras instrucciones, y así lo han concebido hasta los Indios más estúpidos cuando nos han visto correr los montes en busca de vegetales y preguntarles por lo que ellos conocían.*

34. *Querer que los Boticarios de México, aun cuando todos estuvieran perfectamente instruidos en la Botánica, conozcan otras plantas que las del Jardín y las de las inmediaciones, que han podido haber en estado de examinar, o se las han dado por ejemplos en las lecciones; que tengan surtido de ellas en sus oficinas, sin saber dónde se crían ni sus nombres provinciales ni los medios con que adquirirlas, y que impendan gastos en su adquisición, sin saber que los Médicos han de dispensárselas a sus enfermos, cualquiera verá que es un desatino. Háganse notorias sus virtudes, califíquense con repetidas observaciones; conocidos los médicos de ellas, solicítenlas éstas en las boticas, y entonces verá don Mariano Aznárez, que aunque el Boticario no haya visto la cara al Catedrático de Botánica, procura surtirse de ellas sin más nociones que las de la codicia. El Boticario, el labrador, el comerciante, el Artista, no aventuran sus intereses y su trabajo sin una más que mediana probabilidad de sus ventajas, y esta no puede tenerla el Boticario en el acopio de Plantas, que no vea puestas en uso por los Médicos, y acreditadas por las observaciones. Mientras esto no se verifique, el acopiar plantas sería lo mismo que llevar rosarios a Berbería.*

35. *Pero aun contrayéndonos a las Plantas más bien observadas, y cuyas virtudes están mejor verificadas por todos los Médicos, y por la experiencia de algunos siglos, como el Opio, la Quina, la Ipecacuana, etcétera...¿Creerá don Mariano Aznárez, ni ningún otro Facultativo del Hospital, que aunque en este Reino se hallasen las mismas especies debíamos estar seguros de los mismos efectos, y ministrarlos desde luego en las mismas cantidades? Esto sería dejar de preveer una duda, que ocurre al más ignorante; que presentan casi todos los frutos comestibles en la diferencia de su tamaño, olor, sabor, y bondad, y hasta los mismos nacionales en la variedad de estatura, color, facciones, y carácter, según las diferentes partes del globo que habitan.*

36. *En España tenemos la misma adormidera que destila el Opio, y sin embargo no hallamos en ella la misma eficacia que en la de Egipto y en la de Grecia. Tenemos la misma Cicuta que en Alemania, y los ensayos hechos con la nuestra no han producido*

*en los cancros los mismos efectos que aquella. En todas las islas de América espontanea la misma Planta que da el añil; se ha cultivado por Peritos y sin embargo su color se diferencia mucho del de Guatemala. Iguales diferencias pues deben sospecharse en todas las plantas medicinales, y nunca deberemos fiar de su eficacia, aun cuando nos conste que su virtud es la misma, hasta estar asegurados por la observación de la menor o mayor cantidad en que han de ministrarse las de cada respectivo País, porque aunque en lo esencial no varíen sus principios, la mayor o menor energía de estos podría burlar nuestras esperanzas con notable perjuicio de los enfermos.*

37. *Concluye don Mariano Aznárez con un discurso ajeno de la materia, injurioso a mi persona, opuesto al buen juicio, y economía del Soberano, y en sí mismo, contradictorio. Dice, en él, que yo suponga ventajas exageradas, que el Rey ha impendido los gastos de ésta y de otras Expediciones sin el objeto de tales ventajas. Infiere que por haber mandado se me oyese y se le informase sobre varios arbitrios que propuse para gastos de Jardín y de Expedición, no esperaba ni grandes ni próximas utilidades de ésta; y por fin duda que se hubiese verificado a haber sabido que no se habían de realizar los indicados arbitrios.*

38. *Aquí fue preciso doblar la hoja y retardar por algunos días mi contestación temiendo faltar a la modestia que me es genial si me dejaba llevar de la sensación que causó en mí la lectura de estas expresiones. Ya no hay que dudar que el temor de pronunciarlas fue la causa de nuestra repulsa para la segunda conferencia; donde pudiera haberse faltado al buen orden y armonía con que debía tratarse el asunto, a no ser que el respeto de V. S. hubiese contenido y reprobado un lenguaje tan distante de la buena educación que debía esperar en todos los asistentes.*

39. *Ahora con más tranquilidad pregunto ¿Si del que para vender una alhaja busca tasadores peritos que la evalúen con equidad podrá decirse en razón y justicia que intenta suponer o exagerar su legítimo valor? Y qué otra cosa pretendo yo cuando a vista de Profesores peritos solicito comprobar con observaciones las virtudes positivas de mis plantas? Si mi ánimo fuese exagerarlas no buscaría testigos que las calificasen, y que*

*pudiesen desmentirme al verles atribuir virtudes que no habían correspondido con los experimentos. La exageración, y suposiciones que me imputa don Mariano Aznárez, se ocultarían mejor en los libros que en las camas de los enfermos en que busco la verdad a presencia de todo el mundo: y cuando yo fuera capaz de esta culpa, no soy tan necio que provocara al desengaño a costa de mi reputación? (Hay una gota de tinta).*

40. *Persuadirse don Mariano Aznárez de que el Rey ha impendido cuantiosas sumas en otras Expediciones botánicas sin la expectativa de algunas ventajas, o beneficios hacia sus vasallos, sólo porque alguna de ellas haya salido sin Médico, es tratarlo de pródigo y de ignorante. Pero no, que a pocos renglones se nos pinta ya de un carácter muy contrario. El mismo Aznárez nos lo supone tan miserable, tan precavido, tan sagaz, y tan desconfiado que duda se hubiera verificado la de este Reino sin la seguridad de los arbitrios que yo propuse, <u>porque ni se miraban próximos, ni se esperaban de ella mayores ventajas</u>, sin embargo de ser yo el encargado de ella, y tan Médico como él: Extraña contradicción! Pero consecuencia precisa de una lógica ofuscada por el capricho. Para que un boticario preste auxilios a la Medicina y a las Artes, no es necesario que sea Médico ni Artista; bastará que por los principios de su ciencia combinados con las nociones de los habitantes que consulta por su instinto, averigüe las virtudes y usos de cada cosa, y los traslade al Público, para que todos y cada uno saquen de ellos las utilidades que puedan en sus respectivas profesiones.*

41. *Si porque el Rey pensó aceptar los arbitrios que se le propusieron para la presente Expedición, infiere don Mariano Aznárez (tachado) que no se esperaban de ella ni próximas, ni grandes ventajas, V.S., yo y cualquiera que se sujetare a esa lógica, diríamos que puentes, calzadas, caminos, acueductos, y casi todas las obras públicas ni son útiles ni son útiles ni ventajosas, pues la mayor parte se han hecho a fuerza de arbitrios; y si esta Expedición se consideró inútil, tan grande desacierto fue aprobarla con arbitrios, como a costa del erario, habiendo otras urgencias en la corona a que destinar el producto de ellos.*

42. *Estando don Mariano Aznárez tan impuesto como indica en las Reales Órdenes, e instrucciones de la Expedición, no puede ignorar que una de nuestras principales obligaciones es*

*ilustrarse la Materia Médica Mexicana del dr. Hernández argumento evidentísimo de que tuvo el Rey este fin y prueba de que su Real ánimo nunca estuvo pendiente de arbitrios para la Expedición de esta América, es que habiéndose desaprobado, aún antes que comenzase, no sólo quiso que se llevase a debido efecto, sino que en vista de sus adelantamientos, ha concedido prórroga para que se extendiese al Reino de Guatemala e Islas de Barlovento.*

43. *Al terrible y común dilema añade el Licenciado dr. Manuel Moreno la reflexión de que estamos obligados a curar con la mayor seguridad, y brevedad posible, y que esto no podría verificarse con los enfermos destinados a las observaciones, fundado, sin duda, en que los remedios más seguros, y eficaces son los más usados y conocidos.*

44. *Estamos tan de acuerdo en la primera parte, que justamente no es otro el objeto de nuestras investigaciones; pero tan distantes de creer que los remedios más usados sean los más eficaces, que si nos ponemos en observación de sus efectos, vemos con gran dolor cuán pocos son los que corresponden a nuestras intenciones y a los elogios , que hicieron de ellos nuestros antepasados; y lloraremos millares de enfermos que han padecido más de lo que debían, o que terminaron con la muerte, por nuestra ciega confianza en tales remedios, y por no haber ocurrido desde los principios con los que una escrupulosa, y repetida observación haya acreditado de enérgicos.*

45. *Teme también que el Hospital caiga en descrédito, y que los enfermos se retraigan de él por no ser el objeto de nuestros experimentos. Este es un recelo de cuyos fundamentos sólo nos podrá desengañar el tiempo, y que no nos debe embarazar cuando hemos visto el gran concurso y poco temor con que por algunos años se ha estado entregando a los experimentos de la Begonia y de los sudores dirigidos por dos Empíricos, y no con el mejor suceso, y cuando por otra parte sabemos la natural inclinación del vulgo a curarse con las yerbas del País. Es ésta tan evidente y notoria que jamás he oído elogio de algún profesor en la boca de algún plebeyo sin la expresión de que tenía <u>mucho conocimiento en las yerbas</u>, como dando a entender, y creyendo firmemente, que en esto consistían sus aciertos.*

46. No puedo adivinar por qué en Madrid no se practican en algún Hospital las observaciones que se hacen de orden de S. M. Más lo cierto es que ninguna otra parte ofrece tantas y tan buenas proporciones para repetirlas, compararlas, y sancionarlas con el testimonio de los Médicos de la casa, que son los medios para asegurarse de ellas, y publicarlas con toda confianza.

47. Por último, este Profesor ha creído ser de mi obligación publicar anticipadamente los remedios indígenas que se han encontrado en nuestras peregrinaciones: Pero ni en las instrucciones que el Rey dio a la Expedición hayo artículo que me imponga este precepto, ni aun cuando yo hubiese querido hacerlo, hubiera sido fácil lograr el fin por las razones expuestas en el número.

48. Todos los de mi Expedición y yo agradeceremos siempre a don Manuel Moreno el buen concepto que le deben nuestros trabajos, pero hemos de confesar que, aunque en realidad fuesen de tanto mérito como ha creído, si faltara en ellos la circunstancia de haber averiguado las virtudes y los usos económicos de sus objetos, serían de muy poca utilidad, porque ni el Médico que no fuese Botánico, ni el Comerciante, ni el Artista, ni el Agricultor, deberían aventurar su afán y sus caudales sin algunos conocimientos preliminares de sus propiedades, y modo de ponerlas en uso.

49. Don Vicente Ferrer produce con corta diferencia los mismos reparos que sus compañeros, y sólo echa de menos que yo no especifique si las Medicinas que hayan de ensayarse han de ser simples o compuestas; y por último indica que ninguno pudiera hacer mejor estas observaciones que los Médicos de la casa encargados de vastas enfermerías.

50. El primero de estos dos reparos no merecía contestación, porque en justicia debe extrañársele mucho que pretenda conducir su examen a unas materias de la exclusiva inspección de los Médicos como si tratara con Viana, o con Castaño, cuando trata con Montaña, con Moziño, y conmigo. Debe asimismo extrañársele que nos suponga tan atrasados en los principios analíticos que necesitemos de su luz y su dirección para no hacer combinaciones de que resulten unos efectos equívocos. Más ya que quiere anticipar la residencia que nunca podrá competirle en un asunto puramente Médico debo avisarle que ni las yerbas se pondrán en manojo a los enfermos como la alfalfa a

las bestias, ni los gases en sus respectivos balones, ni más substancias fósiles en su mina. Los dos profesores que habían de ministrar estos auxilios tienen bastante obligación de saber las distintas formas con que han de preparar sus medicamentos de modo que nunca pueda quedarnos duda de sus resultados.

51. *La gran dificultad que ofrece una ostentación prolífica, y en que no es probable se ocupe con todo el empeño necesario, que no tiene el interés de la gloria que corresponde a la Expedición hace proferir a don José Moziño como individuo de ella, y al dr. don Luis Montaña, a quien por su instrucción en la Botánica manda el Rey que se prefiera para todas las plazas de Hospitales generales y de Ejército, y generalmente para todas las del Real Servicio propias de su profesión. Fuera de que el mismo hecho de estar los Médicos del Hospital a la cabeza de una vasta enfermería, es un visible embarazo para llevar el detalle de las observaciones con la exactitud que se requiere.*

52. *Con lo dicho me parece estar plenamente desvanecidas las dificultades de los Profesores del Hospital, y no restarme más que hacer el debido elogio de la juiciosa moderación con que don Francisco Giles de Arellano se ha contenido en los justos límites de su Facultad.*

53. *Por lo demás nada hay más fácil de probarse con todo género de argumentos que las utilidades que deben resultar a los enfermos de todas clases, a los intereses de las familias, al crédito de los Facultativos, y al Estado en general de seguir con todo el empeño las observaciones sobre las substancias indígenas que la Divina Providencia, conservadora de todos los seres, no pudo negar, ni dejar de proporcionar a las enfermedades de cada País, procediendo como dicta la buena razón, de lo más simple a lo que vaya admitiendo unas combinaciones racionales fundadas en los principios de la Botánica, y de la Química, y en los resultados de la experiencia.*

54. *Ninguno de los que contradicen mi propuesta podrá negar la necesidad de la Anatomía, Fisiología, Patología, Higiene ¿Qué razón sólida podrán alegar para excluir el buen estudio de la materia médica fundada como he dicho antes en la observación? ¿Será conforme a conciencia querer siempre vivir a oscuras, con detrimento de nuestros hermanos los hombres, en la materia importantísima de la conservación de su vida y restablecimiento*

de su salud arruinada? ¿habrá Ley que ordene que el entendimiento humano no haga progresos en las Ciencias útiles, y apure en el crisol de la observación los verdaderos quilates que tienen las virtudes de las substancias medicinales? ¿Será conforme al buen juicio poner tanta confianza en los que nos antecedieron en la edad, que no examinemos sus máximas ni sujetemos a nuestro escrutinio sus aseveraciones? ¿Será conforme a política hacer esclavas todas las almas libres, y acaso de resortes, por no exponer al desaire la opinión de aquellos que el tiempo canonizó de nuestros mayores? ¿Será conforme a la buena economía que carezcamos de auxilios sucedáneos, bien determinados, cuando nos faltan, o se nos venden muy caros los que una mal entendida necesidad ha hecho precisos para el restablecimiento de nuestra salud.

55. Mientras la materia médica no se establezca sobre los principios incontestables de la observación dirigida con un método científico, exacto y escrupuloso, seremos en conciencia responsables a Dios y a los hombres de una omisión tan perjudicial al género humano en la importantísima necesidad de la curación de sus dolencias. Esta omisión tampoco será disculpable cuando por ella se ignore la calificación gradual de las sustancias medicamentosas y el orden con que se deben subrogarse unas a otras o substituirse tales en defecto de cuales....

56. De todo esto resulta que en vez de ser peligroso el examen que quiero yo instituir, es el más conforme a razón, y el que con bastante justicia deben exigir los hombres para su común utilidad. Por su medio se evitarán los costos de muchas substancias inútiles, que se han omitido ya en parte no muy pequeña por los sabios Profesores de Europa, como acredita la reforma de las materias médicas, y farmacopeas sobre dichas. Por su medio se verá que si tiene alguna energía medicinal la canilla del asno, no se diferenciará esta de las del buey, y será preferible la segunda por la mayor facilidad de adquirirla con mayor prontitud, y que los colmillos de los cerdos vulgares, de que puede uno surtirse sin costo alguno, pueden anteponerse por igual razón a los del jabalí, e igualarse todas estas sustancias a los cachos y pezuñas de varios animales, que con misterio se aplican en estas enfermedades o en aquellas, siendo

*en todas ellas iguales sus virtudes. Se verá igualmente que el uso de las sustancias fósiles en su estado nativo no carece de peligros, y que al prescribir, por ejemplo, la piedra hematites, sería más racional echar mano del hierro puro, o de cualquiera de sus preparaciones oficinales.*

57. *Vea aquí pues V. S. Con cuantos fundamentos creí tan llana mi solicitud y por lo mismo estar siempre muy distante de creer que debía pretenderla como si fuese una cátedra o una prebenda a fuerza de argumentos, ni por trámites judiciales; los cuales, por otra parte no son medios proporcionados para pedir licencia de visitar una casa al dueño de ella. Dejémonos pues de cavilaciones, y estemos en que yo he pedido a V.S. haga lo que puede hacer a título de la libre y general administración del Hospital que V.S. ejerce autorizado por el Ilmo. y V.S. Deán y Cabildo sin dependencia de otra autoridad y estemos finalmente en que si el Excelentísimo e Ilustrísimo Señor Arzobispo fundador del Hospital a quien no podrán los Profesores que desestimen mi propuesta suponer de una moral inferior sometió gran número de enfermos a los ensayos de los empíricos contra la voluntad de los Médicos de la casa, y sin fallos del Proto-Medicato, no cabe duda de que V. S. puede llevar al mismo Hospital cuantos profesores supernumerarios estime útiles, y que ellos serán árbitros en sus departamentos, para dar arreglados a su conciencia y su saber. Dios le guarde. México 4 de Agosto de 1800. Martín de Sessé. Señor don Juan Francisco Jarabo.*

*José Francisco Bravo Moreno y Emilio Cervantes Ruiz de la Torre*

## Agradecimientos

Agradecemos al dr. Carlos Martín Escorza por llamar nuestra atención sobre José Longinos Martínez Garrido y a Emilio Cervantes Gutiérrez por ayudarnos a obtener los documentos conservados en la Fundación Wellcome en Londres. Francisco Bravo expresa su agradecimiento a sus abuelos, padres y hermanos.

## Bibliografía

- **Aceves Pastrana, P.** 2001. Periodismo Científico en el siglo XVIII. José Antonio de Alzate y Ramírez. Universidad Autónoma Metropolitana, Unidad Xochimilco, 663 págs.
- **Al-Zahrani, A.** 1999. Darwin's Metaphors Revisited: Conceptual Metaphors, Conceptual Blends, and Idealized Cognitive Models in the Theory of Evolution. Metaphor and Symbol, 23: 50–82, 200.
- **Álvarez-Buylla, E.** 2016. La genética no es suficiente para entender la vida. Ciencia UNAM. En: http://ciencia.unam.mx/leer/503/La_genetica_no_es_sufi ciente_para_entender_la_vida_Elena_AlvarezBuylla
- **Álvarez-Buylla, E., Martínez García J.C.** 2016. La ciencia: reserva de objetividad en disputa. Periódico, La Jornada, 7 de Mayo de 2016. En: http://www.jornada.unam.mx/2016/05/07/opinion/01 3a1pol
- **Álvarez López, E.** 1952. Noticias y papeles de la Expedición científica mejicana, dirigida por Sessé. Anales del Jardín Botánico de Madrid, 10(2): 5-79.
- **Argueta V., Noguera AR., & Gutiérrez RR.** 2003. La recepción del lysenkismo en México. Asclepio.; 55(1): 235-262.

- **Argueta Villamar, A. y Argueta Prado, Q.** 2011. Vavilov, a Soviet Darwinist in México. Studies in the History of Biology, 3(2): 66-81.
- **Arias Divito, JC.** 1968. Las Expediciones Científicas Españolas durante el siglo XVIII. Expedición Botánica a Nueva España. Ediciones Cultura Hispánica. Madrid.
- **Aullet Bribiesca, G.** 2012. Trascendencia del pensamiento y la obra de Alfonso L. Herrera. Historia Mexicana, 59 (4): 1525-1583.
- **Barahona, A.** 2009. "La introducción del darwinismo en México." Teorema: Revista Internacional de Filosofía; 28(2): 201-214.
- **Barahona, A.** 2013. Genética en México y sus instituciones en la primera mitad del siglo XX. Contrastes, 18: 423-438.
- **Barrera, A.** 1958. A cien años de " El Origen de las Especies", de Charles Darwin. Rev Soc Mex Hist Nat. 20: 5-12. p.12.
- **Beltrán, E.** 1945a. Problemas biológicos: ensayo de interpretación dialéctica materialista. México: Universidad Obrera de México.
- **Beltrán, E.** 1945b. Lamarck Intérprete de la naturaleza. México: Instituto de Investigaciones Científica de la Universidad de Nuevo León, México
- **Beltrán, E.** 1953. Alfredo Duges: un siglo después. Conferencia en la Universidad de Guanajuato, en el homenaje a Alfredo Duges. Rev Soc Mex Hist Nat. 1953; 17: 157-168.
- **Beltrán, E.** 1965. El Impacto de Mendel. Rev Soc Mex Hist Nat. 26: 33-86.
- **Beltrán, E.** 1967. Las Reales Expediciones Botánicas del Siglo XVIII a Hispano-América Revista de la Sociedad Mexicana de Historia Natural XXVIII.
- **Beltrán, E.** 1968. Alfonso L. Herrera (1868-1968) primera figura de la Biología mexicana. SMHN. 29: 37-110.

- **Beltrán, E.** 1971. Lamarck. Textos mexicanos de Biología general en el siglo XX. Rev Soc Mex Hist Nat.; 32: 57-88. P. 66 y 67.
- **Beltrán, E.** 1976. Theodosius Dobzhansky. Rev Soc Mex Hist Nat.: 37: 43-50.
- **Beltrán, E.** 1977. Medio siglo de recuerdos de un biólogo mexicano. México: Sociedad Mexicana de Historia Natural.
- **Beltrán, E.** 1986. La Sociedad Mexicana de Historia Natural en su segunda época (1936-1986). Rev Soc Mex Hist Nat.; Volumen Jubilar: 3-10.
- **Beltrán, E.**, Rioja, E., Alcaraz, J, Ruiz, M. Miranda, F., Larios, I. 1960. Biología, tercer curso para escuelas secundarias. México: Ed ECLASA.
- **Benet, J.** 1997. Cartografía personal, edición a cargo de Mauricio Jalón, Cuatro Ediciones, Valladolid.
- **Boulding, K. E.** 1963. Principios de Política Económica. Aguilar. Madrid.
- **Bremauntz, A.** 1934. La educación socialista en México (antecedentes y fundamentos). Imprenta Ryvadeneyra. México.
- **Cannon, G.H.** 1958. The evolution of living things. Manchester University Press. pp 28-29.
- **Cervantes, E.** 2015. Estructura del debate Científico: Ejemplos, Elementos, Taxonomía. Capítulo I en el libro Naturalistas en Debate (Cervantes, E; editor) Colección Anejos de la Revista Arbor. CSIC. Madrid.
- **Cervantes, E., Pérez Galicia, G.** 2015. ¿Está usted de broma Mr Darwin? La Retórica en el corazón del darwinismo. Amazon (OIACDI), 306 pp.
- **Cervantes, V.** 1817, AGNM, Historia, vol, 466, f.19.
- **Cifuentes JL.** 1989. Vida Académica del doctor Enrique Beltrán. In Memorias del Primer Congreso Mexicano de Historia de la Ciencia y de la Tecnología. Tomo I. México: Sociedad Mexicana de Historia de la Ciencia y de la Tecnología, A. C.
- **Constantino, M. E.** 2014. Discordias en el paraíso Prácticas y disputas sobre las colecciones de animales novohispanos (1790-1795) Cap 3 en: Museos al detalle:

colecciones, antigüedades e Historia Natural : 1790-1870. Coordinado por Miruna Achim y Irina Podgorny.- 1a ed. Rosario : Prohistoria Ediciones. Argentina.
- **Cue Cánovas, A.** 1979. Historia social y económica de México (1521-1854). Ed. Trillas, México. P. 128.
- **Cuevas Cardona, C. , Mateos, I. L.,** & Orensanz, L. 2006. Alfonso L. Herrera: controversia y debates durante el inicio de la Biología en México. *Historia mexicana*, 55(3): 973-1013.
- **Darwin, Ch.** 1874. The Descent of Man, 2nd edition, New York, A L. Burt Co.
- **Darwin, Ch.** 1970. El Origen del Hombre. Edaf, España.
de Dios Bojorquez, J. 1963. Hombres y aspectos de México. Biblioteca del Instituto de Estudios Históricos de la Revolución Mexicana. México.
- **Dupré, J.** 2009. Más allá del darwinismo. Ciencia Hoy, 19(113), 8-9.
- **Eaton, S. A., Jayasooriah, N., Buckland, M. E., Martin, D. I., Cropley, J. E.,** & Suter, C. M. 2015. Roll over Weismann: extracellular vesicles in the transgenerational transmission of environmental effects. Epigenomics, 7(7), 1165-1171.
- **Expediente sobre examen de JLM.** Archivo del Protomedicato, Facultad de Medicina, UNAM: Paquete I, Expediente 35, c 9 hojas. Materias: Historia de Latinoamérica s. XIX, Historia colonial americana, Historiografía colonial latinoamericana, Viajes, Epistolarios. Páginas: XIII + 308.
- **Fefer-Guevara R.** 2011. El caso de José Joaquín Izquierdo y Enrique Beltrán, artífices de las Ciencias Naturales y de la memoria científica nacional. [Tesis de doctorado]. México: UNAM.
- **Galera, A.** 2000. Los guisantes mágicos de Darwin y Mendel. Asclepio, Vol 52, No 2. doi:10.3989/asclepio.2000.v52.i2.212
- **Galton, D.** 2009. Did Darwin read Mendel? QJM 102 (8) :587-9. En: http://dx.doi.org/10.1093/qjmed/hcp024 587-589

- **Garza-Almanza V.** 2013. Lysenko y Ochoterena: Notas sobre la influencia del lysenkismo en la enseñanza de la Biología en México. Revista CULCYT; 50: 4-17.
- **García Calvo, A.** 1997. De la Realidad. Traducción del Poema de Lucrecio De Rerum Natura. Lucina. Zamora (España).
- **Gaxiola Cortés MG.** 1986. Historia de la Biología en el siglo XX: La obra de Enrique Beltrán [Tesis de licenciatura, asesor: Adolfo Olea Franco]. México: UNAM;.
- **Gershenowhitz H.** 1978. George Gaylord Simpson and Lamarck. J. Hist Sci. Calcutta 13(1), 56-61.
- **Gómez-Pompa A., Barrera A., Gutierrez J., Halfter G.** 1968. Biología: unidad, diversidad y continuidad de los seres vivos. México: CECSA;
- **Gómez-Pompa, A.** 1993. Las raíces de la etnobotánica mexicana. Acta Biologica Panamensis, 1, 87-100.
- **González Navarro M.** 1988. Las ideas raciales de los científicos, 1890-1910. Historia Mexicana. 4(37): 565-583.
- **Herrera A.** 1904. Nociones de Biología. Ed. Imprenta de la Secretaría de Fomento; México.
- **Herrera, A.L.** 1922. La Biología en México durante un siglo. Copia del diario "El Demócrata", 27 de Septiembre de 1921; 1922
- **Holliday R.** 2006. Epigenetics: a historical overview. Epigenetics [en línea]. [disponible el día 11 de enero de 2016]; 1(2): 76-80. En:
  http://www.tandfonline.com/doi/pdf/10.4161/epi.1.2.2762
- **Huerta Jaramillo, A.M**. 2003. El gabinete de Historia Natural de Puebla. Elementos de Ciencia y Cultura, 9(8): 16-21
- **Humboldt, A.** 1989. Cartas Americanas. Compilación, prólogo, notas y cronología: Charles Minguet. Traducción: Marta Traba.
  http://www.ufjf.br/nugea/files/2010/09/Cartas-americanas-Alejandro-de-Humboldt.pdf

- **Izquierdo, J. J.** 1955. Montaña y los orígenes del movimiento social y científico de México. Ediciones Ciencia.
- **Jinks JL.** 1964. Extrachromosomal inheritance. EUA: Prentice-Hall.
- **Johnstone J.** 1932. The essentials of biology. London: Edward Arnold & Co.
- **Lamarck JB.** 1994. Philosophie Zoologique. Ed. Flamarion.
- **Lamm, E. & Jablonka, E.** 2015. Dos legados de Lamarck: una perspectiva del siglo XXI sobre el uso/desuso y la herencia de caracteres adquiridos. INTERdisciplina, 3(5): 77-98.
- **Landman, O. E.** 1991. The Inheritance of Acquired Characteristics. Annual review of Genetics, 25(1), 1-20.
- **Langlebert, J.** 1920. Historia Natural. Librería de la V$^{da}$ de CH. Bouret. Paris.
- **Lazcano, A.** 1985. Hijo de Zague, ¿Zaguiño?. Ciencias, 85: 52-61.
- **Ledesma-Mateos, I.** 2000. Ochoterena; el hombre, la ciencia y las instituciones. En: Ochoterena, Isaac, obra científica. El Colegio Nacional, México. pp. 1-52.
- **Ledesma-Mateos I. & Echeverría AB.** 1999. Alfonso Luis Herrera e Isaac Ochoterena: la institucionalización de la Biología en México. Historia mexicana 48(3): 635-674.
- **Lewontin, R. C.** 2001. El sueño del genoma humano y otras ilusiones. Paidos.
- **Levins, R., & Lewontin, R. C.** 1985. *The dialectical biologist.* Harvard University Press.
- **Li X., & Liu Y.** 2010. The conversion of spring wheat into winter wheat and vice versa: false claim or Lamarckian inheritance? J Biosci.; 35(2): 321.
- **Lysenko TD.** 1949. La situación de las ciencias biológicas. URSS: Ediciones en lenguas extranjeras, Moscú.
- **López-Guazo, LS y Ruiz Gutierrez, RR.** 2000. Eugenesia y medicina social en el México posrevolucionario.Ciencias 60: 80-86.

- **Lustig N., & Székely. M.** 1997 México: Evolución económica, pobreza y desigualdad. Inter-American Development Bank [en línea]. [disponible el día 5 de enero de 2016]. En: https://publications.iadb.org/bitstream/handle/11319/5293/M%C3%A9xico:%20Evoluci%C3%B3n%20econ%C3%B3mica,%20pobreza%20y%20desigualdad%20.pdf?sequence=1
- **Marcos, A.** 2007. Funciones en Biología: una perspectiva aristotélica. Departamento de Filosofía-Universidad de Valladolid. En: http://gramola.fyl.uva.es/~wfilosof/webMarcos/textos/A_Marcos_Teleol_DF.pdf
- **Márquez G.** 2012. Contribución y relevancia de la obra de Jean Baptiste Lamarck: Relevancia de su pensamiento en la Biología actual. En: Vi Reunion Anual de la Sociedad Chilena de Evolución. 7 de octubre del 2012, Universidad de Concepción Chile. http://www.socecol.cl/web/wp-content/uploads/2012/07/Resumen-Simposios-Congreso-Socecol-2012-parte-1.pdf
- **Matute Á.** 1991. Notas sobre la historiografía positivista mexicana. Secuencia. 1991; 21: p.62 y 63.
- **Mayagoitia H.** 1994. Enrique Beltrán, el maestro. Rev Soc Mex Hist Nat. 45: 17-20.
- **Mendoza Rojas, J.** 2001. Los conflictos de la UNAM en el siglo XX. Universidad Nacional Autónoma de México. Revista Historia de la Educación Latinoamericana. 11: 265-267.
- **Merino-Pérez L.** 2004. Conservación o deterioro: el impacto de las políticas públicas en las instituciones comunitarias y en los usos de los bosques de México. México: SEMARNAT/ Instituto Nacional de Ecología; 2004.
- **Miko, I.** 2008. Non-nuclear genes and their inheritance. Nature Education, 1(1): 135.
- **Morales Cosme, Alba Dolores.** 2000. El Hospital General de San Andrés (1770-1833): Un lugar para la modernización de la práctica médica en la Nueva España.

Tesis para obtener el Grado de Maestra en Historia de México.
- **Moreno de los Arcos, R.** 1984. La Polémica del darwinismo en México, siglo XIX: testimonios (Vol. 1). México: UNAM; 1984.
- **Mortara Garavelli, B.** 2000. Manual de Retórica. Milán, 1988, trad. esp. de M.J. Vega, 3ªed. Ed. Cátedra. Madrid.
- **Noble, D.** 2015. Evolution beyond neo-Darwinism: a new conceptual framework. Journal of Experimental Biology, 218(1), 7-13.
- **Noguera R. Argueta A, Ruiz GR.** 2010. Lamarckismo en México: su enseñanza en las ideas evolutivas durante el siglo XX. En: Jiménez, J. A. C. Continuidades y rupturas. Una historia tensa de la ciencia en México. Llull, Revista de la Sociedad Española de Historia de las Ciencias y de las Técnicas.; 35(76), 341-362.
- **Ochoterena I.** 1922. Manuales y tratados: Lecciones de Biología. México: SEP.
- **Ochoterena I.** 1931. Algunos conceptos fundamentales acerca de la evolución de los seres vivos. Folleto de divulgación del Instituto de Biología, 12(7): 465-471
- **Ochoterena, I.** 1935. Informe sintético acerca de la gestión universitaria en el Instituto de Biología durante los años de 1930 a 1935. Imprenta del Instituto de Biología, UNAM. México.
- **Ochoterena, I.** 1942. Tratado elemental de Biología. México: Ediciones de la Liga Nacional de estudiantes.
- **Ochoterena, I.** 2000. Obras completas. El Colegio Nacional, T. I y II. México.
- **Padilla Chávez, O.** 2014. Análisis de las contribuciones de Enrique Beltrán (1903-1994) en la institucionalización de la teoría evolutiva darwiniana en México. [tesis de licenciatura]. México; UNAM.
- **De la Paz López JM.** 2012. De la Historia Natural a la profesionalización de la Biología en México (1900 - 1940). [Tesis de licenciatura].México: Instituto Politécnico Nacional. IPN.

- **Piaget, J.** 1985. Biología y Conocimiento: Ensayo sobre las relaciones entre las regulaciones orgánicas y los procesos cognoscitivos (1967). *México: Siglo Veintiuno.*
- **Perelman, Ch. y Olbrechts Tyteca, L.** 1989. Tratado de la Argumentación. La Nueva Retórica, París 1958, trad. esp. de J. Sevilla Muñoz, 3ªreimp. Biblioteca Románica Hispánica. Editorial Gredos. Madrid.
- **Piñero D.** 1996. La teoría de la evolución en la Biología mexicana: una hipótesis nula.Ciencias. 42:4-8.
- **Rinard RG.** 2008. Neo-Lamarckism and technique: Hans Spemann and the development of experimental embryology. J. Hist. Biol.; 21(1): 95-118.
- **Rioja lo Blanco, E., & Cendrero Curiel, O.** 1927. Biología. Aldus SA Artes Gráficas. Santander.
- **Ruiz-Gutiérrez, R.** 1987.Positivismo y evolución: introducción del darwinismo en México (Vol. 2). México: UNAM.
- **Sager R.** 1972. Cytoplasmic genes and organelles. Academic Press.
- **Sandín, M.** 2011. Lamarck y la venganza del imperio. P.31-40 en: Naturalistas Proscritos, Coordinada por Emilio Cervantes. Ed. Universidad de Salamanca. España.
- **Sapp J.** 1987. Beyond the gene: cytopasmic inheritance and the struggle for authority in genetics. EUA: Monographs on the History and Philosophy of Biology, Oxford University Press;.
- **Selmo, E.** 1982. Historia del capitalismo en México. 11ª ed. Ed Era. Col Granjas Esperalda. Iztapalapa. México DF.
- **Skinner, M. K.** 2015. Environmental epigenetics and a unified theory of the molecular aspects of evolution: a neo-Lamarckian concept that facilitates neo-Darwinian evolution. Genome biology and evolution, 7(5): 1296-1302.
- **Slavet, E.** 2008. Freud's "lamarckism" and the politics of racial science. J. Hist. Biol.; 41(1): 37-80.
- **Szyf, M.** 2014. Lamarck revisited: epigenetic inheritance of ancestral odor fear conditioning. Nature neuroscience, 17(1), 2-4.

- **Stansfield, W. D.** 2011. Acquired traits revisited. The american biology Teacher, 73(2), 86-89.
- **Stepan N.** 1991. The hour of eugenics: race, gender, and nation in Latin America. EUA: Cornell University Press.
- **Vasconcelos, J.** 1982. La raza cósmica (1925). México: Siglo XXI.
- **De Vázquez, F. y Gutiérrez, M.** 2010. "Análisis de la obra botánica de Vicente Cervantes." En: Revista de Estudios Extremeños, 2010, Tomo LXVI, N.º II pp. 949-984
- **Vidal C.** 2002. La escuela latinoamericana de pensamiento en ciencia, tecnología y desarrollo: notas de un proyecto de investigación [en línea]. Revista CTS+ I Iberoamericana de Ciencia, Tecnología, Sociedad e Innovación. [disponible el día 5 de enero de 2016]; 4. En: http://www.oei.es/revistactsi/numero4/escuelalatinoamericana.htm
- **Vitoria, F.** de 1992. Doctrina sobre los indios. 2ª ed. facs./transcripción y traducción Ramón Hernández Martín Editorial San Esteban, Salamanca. http://www.biodiversitylibrary.org/page/33333666#page/541/mode/1up
- **Waddington CH.** 1942. Canalization of development and the inheritance of acquired characters. Nature. 150(3811): 563-565.
- **Waddington CH.** 1976. Hacia una Biología teórica. España: Ed. Alianza Editorial. Impresión al castellano de la edición de 1968.
- **Wolfe, A. J.** 2012. The Cold War context of the Golden Jubilee, or, why we think of Mendel as the father of Genetics. Journal of the History of Biology, 45(3), 389-414.

www.ingramcontent.com/pod-product-compliance
Lightning Source LLC
Chambersburg PA
CBHW070026210526
45170CB00012B/130